河道护岸工程技术

吴芳 程实 编著

黄河水利出版社

·郑州·

图书在版编目（CIP）数据

河道护岸工程技术/吴芳,程实编著. —郑州:黄河水利
出版社,2019.11

ISBN 978 - 7 - 5509 - 2548 - 9

Ⅰ.①河…　　Ⅱ.①吴…②程…　　Ⅲ.①河道 - 护岸
Ⅳ.①TV861

中国版本图书馆 CIP 数据核字（2019）第 279210 号

组稿编辑:李洪良　　电话:0371 - 66026352　　E-mail:hongliang0013@163.com

出　版　社:黄河水利出版社　　　　　　　　　　网址:www.yrcp.com
　　　　　　地址:河南省郑州市顺河路黄委会综合楼14层　　邮政编码:450003
发行单位:黄河水利出版社
　　　　　　发行部电话:0371 - 66026940、66020550、66028024、66022620（传真）
　　　　　　E-mail:hhslcbs@126.com
承印单位:河南瑞之光印刷股份有限公司
开本:787 mm×1 092 mm　1/16
印张:9.75
字数:225 千字　　　　　　　　　　　　　　　印数:1—1 100
版次:2019 年 11 月第 1 版　　　　　　　　　印次:2019 年 11 月第 1 次印刷

定价:80.00 元

序

　　水是生命之源,生态之基。水作为重要的生态要素,是生态文明建设的基础和保障。江河湖泊是人类的生命之源,保持江河湖泊的生态健康,事关人类的生存和发展。在工业化、城镇化快速发展的今天,发展现代水利,其根本就是要立足人水和谐的思路,把握好河流、湖泊内在的生命运动规律,协调好人类治水与水环境的关系,从根源上保障水安全。

　　党的十八大以来,习近平总书记关于"绿水青山,就是金山银山"、统筹"山水林田湖草"系统治理等重要论述,为新时期大力发展生态水利提供理论遵循。江苏省人民政府印发的《江苏省生态河湖行动计划(2017～2020年)》,强调要更加重视生态,把护好"盆"里的水与管好盛水的"盆"相统一。水利部提出"水利工程补短板,水利行业强监管"的总基调,工程建设既要充分汲取古人的智慧,又要发挥现代文明的主观能动性,尊重自然规律,以科学治水理念指导水利实践,努力实现河湖健康和生态宜居。

　　传统的水利工程是通过建设水工建筑物来达到改造和控制河流的目的的,实现人们生产生活的多种需求。平原水网地区河湖密布,在满足蓄水和引水排涝输水能力的前提下,又要尽量控制河道堤防平面尺寸,采用相应的防护措施,减少占用土地资源。近年来,在加快建设水利工程的同时,人们也逐渐意识到水利工程建设对生态环境的制约,开始重视对生态系统的保护,更多地采用新技术、新材料、新工艺,逐渐形成注重生态的建设理念。现代水利的发展充分利用现状河道的形态、地形、水文等条件,通过采用天然材料或生态袋、自嵌式挡墙、格宾网箱挡墙等生态复合材料进行防护,实施河滨带生态保护与修复、河道岸坡生态防护等工程,构建具有较强的自我维系及稳定的河道生态水系。

　　本书全面总结了太湖流域治理工程和中小河流治理工程等工程设计经验,进行系统分析比较,按照科学合理、简明可操作等原则,对河道堤防护岸工程结构型式进行梳理归类。本书从护岸布置原则开始,根据墙式护岸、坡式护岸、组合式护岸、加固利用类护岸以及板桩式护岸等五种不同护岸类型,分别阐述各种护岸断面型式的适用条件、优点与缺点、断面特性、稳定验算及施工注意事项等主要内容。本书的出版可以为生态河湖治理、水美乡村建设、水生态景观修复以及海绵城市建设等提供借鉴和参考,相信会给广大水利工程建设者以有益的启迪。

朱海生

2019 年 10 月

前　言

　　水是生命之源,生态环境之核心,滋润万物,哺育生命。自古以来,人类有着亲近大自然的本性,喜欢逐水而迁、依水而居,择水而憩。中华民族的祖先在长江、黄河流域繁衍生息,创造了古老的中华文明。一代代子民在用水的同时治水,治水的同时护水,像保护生命一样,保护人类赖以生存的水资源。

　　河道是水资源的重要载体,也是生态环境的重要组成部分,具有防洪、排涝、供水、灌溉、航运、景观、生态等综合功能,不仅能够为人类提供宝贵的水资源,而且也能够为各种水生生物提供生存的自然空间,同时对区域生态系统的稳定性和小气候起着重要的调节作用。

　　我国城市河道初期整治主要以开发水资源、河道航运、防洪、除涝和改善灌溉条件为主。对河道的治理方式以传统河道的斜坡式护岸防护为主,考虑过流能力、雨淋以及船行波等冲刷影响,通常在集镇、工厂企业段、弯道凹岸、较大支河口两侧、较大跨河桥梁的上下游等进行防护治理。考虑工程投资影响,河道护坡一般就地取材,选择采用草皮护坡、干砌块石、浆砌块石、素混凝土、模袋混凝土等型式。在保持边坡稳定性、防止水土流失、抗击冲刷以及保证防洪安全等方面具有良好的效果。

　　随着社会经济的持续发展,土地资源越来越珍贵。各类河道整治在满足水利基本功能的前提下,尽可能节省土地资源,减少拆迁,在规划需要护砌的河段逐渐用直墙式护岸替代原斜坡式护岸。直墙式护岸主要有重力式、钢筋混凝土悬臂式、扶壁式等型式。直墙式护岸有效地解决了河道各种因素引起的冲刷问题,特别是对降低建设用地,减少企业、居民搬迁,节约工程投资起到了重要作用。但硬质化河岸也隔断了水生与陆地生态系统间水体的相互补给,形成单一性、生硬性、规则性的岸坡,破坏了水生物的生存环境和生存空间,使河道抵抗外界环境变化与干扰、保持系统平衡以及自我净化能力大大削弱。原本凹凸不平的河床、浅滩、河岸自然河势、植被种植遭到人工破坏,规则的堤防、岸坡打破了河流原本的生态平衡,河道两旁的自然景观消失,扼杀了生物生存的天然栖息场所。

　　根据新时期治水要求,水生态、水文明建设需求不断提高,为深入贯彻落实生态文明的绿色发展理念,切实改善提升城市水环境和人居环境,河道岸坡防护不仅要从结构稳定角度考虑,还需要从生态系统角度考虑,多方位研究工程对岸坡种群、食物链等生态因子的影响、水陆间生态种群的动态平衡、河流生物多样性、景观协调性等。根据河道岸坡类型、土质情况、通航要求、可用材料等多因素综合考虑,将传统的护坡技术和生态固坡方式进行融合设计,渐渐衍生出各种不同型式的生态护岸,比如铰链式护坡、植生网垫护坡 + 水土保护毯、预制混凝土联锁块、绿色生态混凝土、石笼网垫护坡格、格宾网箱挡墙、生态框护岸、抛石护脚 + 植草护坡、木桩植被复合护岸等。生态护岸作为水利工程与生态工程相结合的产物,兼顾了防护与生态的双重功效,在实现岸坡安全稳定及耐久性的同时,为生物创造了良好的生存环境,是一种很有效的防护手段。

本书由江苏省太湖水利规划设计研究院吴芳主持编写,其中前言及第 2、3、5、6、7 章由吴芳编写,第 1、4 章由程实编写,书稿完成后由吴芳统稿。作者主要从事水利工程设计,先后主持参加过太湖流域 20 多个大中型国家、省部及市厅级重点工程的规划项目设计。结合自身设计经验,按照科学性、导向性、可操作性、简明性、多样性等原则编制河道护岸工程技术,从护岸布置原则开始,根据直墙式护岸、斜坡式护岸、板桩式护岸、加固利用类护岸以及组合式护岸等五种不同类型分别阐述各种护岸断面型式的适用条件、优点与缺点、断面特性、稳定验算、设计要点及施工注意事项等主要内容,可供在新一轮治水理念下从事河湖生态治理、美丽乡村建设、新农村建设、生态景观及系统修复、海绵城市建设等工程领域的建设、设计、施工、监理工作人员借阅参考。

由于作者理论水平与专业知识所限,本书在编写过程中恐有疏漏与不妥之处,希望各位专家、同仁和各界读者批评指正。

作 者

2019 年 10 月于苏州

目　录

第 1 章　河道护岸分类及设计原则

治水是一项"牵一发而动全身"的系统工程,现代水利发展逐渐走出传统水利的禁锢,以水患治理为龙头、生态恢复为核心、沿岸土地开发为手段、实现人水的高度和谐为最终目的。

坚持科学发展观,贯彻治水新思路,通过水资源的合理配置和水生态系统的有效保护,维护水生态系统的健康;积极开展水生态系统的恢复工作,逐步达到水功能区的保护目标和水生态系统的良性循环,支撑沿岸城市和社会经济的可持续发展,实现人与自然的和谐发展。新时代治水理念是要保护防洪排涝安全、水质洁净优良、生态系统健康、环境整洁优美,使河道由"单一功能"向"综合功能"转变、由"工程水利"向"生态水利"转变、由"传统水利"向"现代水利"转变。

通过系统的河道整治,不仅营造出"面清、岸洁、水净、流畅、有绿"的水环境,更应使这一区域生态系统健康,自然环境优美,社会文明进步,经济持续发展,人与自然互相依赖、和谐共存,从而提高整个区域的土地价值,促进整个区域的经济发展和人民生活水平的提高。

1.1　护岸分类

护岸是一种防止河岸在水流、潮汐、风浪、船行波作用下可能发生冲刷破坏的一种工程防护措施,对防止水土流失,维持岸线稳定,保护堤防安全具有重要作用。从护岸断面进行分类,常见的护岸型式有直立式、斜坡式、桩式、加固利用类及以上各种断面的组合型式。而护岸的功能已逐渐从传统的防洪、调水和航运等工程需求向生态型、景观型转化。

1.1.1　直墙式护岸类型

直墙式护岸可以在同等条件下减少河道口宽从而有利于节约土地、减少征地拆迁及土方开挖量,且其顶面高程可与后方陆域地面顺接而使岸侧土地较易加以利用,因此在目前河道整治中得到了广泛应用。但这种结构墙底应力随墙高的增加而增大,相应对地基的要求较高。从河道两岸建筑物现状、经济发达程度、满足护岸功能要求及从减少弃方、保护环境、控制征地拆迁等目的出发,在集镇段、城市内河道等大部分河段都普遍采用直墙式护岸。

直墙式护岸主要包括:钢筋混凝土直立挡墙(悬臂式、扶壁式及空箱式)、素混凝土挡墙、衡重式挡墙、浆砌块石挡墙、干砌石挡土墙、倾斜基底悬臂式挡墙、凸榫基底悬臂式挡墙等多种断面型式。

1.1.2　斜坡式护岸类型

斜坡式护岸的河道断面更接近于天然河道,过流能力更好,对低级的适应性也较好,且造价一般较直立式护岸便宜,但这种结构需要占用较多的土地资源,因此从节约建筑用地和控制投资等多方面因素考虑,宜用于非集镇河段河道整治。

斜坡式护岸主要包括:生态型组合式护坡、联锁块护坡、绿色混凝土护坡、预制混凝土护坡、植被护坡、模袋混凝土护坡、浆砌块石护坡、铰链式护岸、格宾网垫护坡、植生网垫护坡+水土保护毯、素混凝土护坡、植物混凝土护坡等多种断面型式。

1.1.3　桩式护岸类型

桩式护岸是指直接利用桩基作为护岸,兼顾挡土和防护功能的一种护岸型式,通常不需要大开挖,相比较墙式护岸和坡式护岸造价偏高,但占地最小,随着地方经济的发展以及土地资源的限制,桩式护岸在工程中的应用范围越来越广。

桩式护岸通常可分为现浇型桩式护岸、预制型桩式护岸和复合型桩式护岸。其中,现浇型桩式护岸常见型式的灌注桩式护岸、T型地连墙直立支护式护岸,预制型桩式护岸常见型式有U型预应力板桩护岸、H型预应力板桩护岸、预制桩板式组合护岸(单排、双排)、预应力桩板组合生态护岸,复合型桩式护岸护岸常见型式有囊式扩大头锚拉钢板桩护岸、高压旋喷锚拉钢板桩护岸。

1.1.4　加固利用类护岸类型

为避免工程重复建设,减少拆迁,节省工程投资,对现有护岸质量较好,但建设标准较低,以及现有损坏护岸上部直接建有房屋,不具备拆建条件的现有老挡墙进行加固利用。

加固利用类护岸通常可分为现状挡墙+筑堤类、老挡墙加固类、局部利用类老挡墙加固、高桩承台型老挡墙加固、板桩导梁型老挡墙加固、组合式老挡墙加固(墙前钢板桩支护加固、墙前钢筋混凝土帽梁加固、墙前打桩贴面加固、浆砌块石挡墙加固)、老挡墙顶增设防洪墙类(老挡墙顶增设挡浪板、老挡墙+台阶式防洪墙、现状挡墙退后增设防洪墙、临路段老挡墙+U形花坛式防洪墙、现状挡墙+反L−A型防洪墙、现状挡墙+反L−B型防洪墙)等多种断面型式。

1.1.5　组合式护岸类型

组合式护岸可分为"下坡上槽式"(下部斜坡+上部直立式)和"下槽上坡式"(下部直立+上部斜坡式)两大类型,满足安全性、生态性、亲水性和经济性的要求。"下坡上槽式"可节约工程占地,但造价比较高,一般用在集镇区等用地受限段。

组合式护岸通常可分为钢筋混凝土挡墙+生态挡墙(格宾网箱、生态框等)、钢筋混凝土挡墙+联锁块护坡、素混凝土挡墙+二级护岸(互嵌式、仿木桩、夹石混凝土挡墙等)、钢筋混凝土挡墙(蘑菇石贴面)+夹石混凝土挡墙、钢筋混凝土挡墙(野山石贴面)+筑堤、木桩类组合护岸(木桩固坡+密排木桩、仿木桩、木桩花池+步道、双排木桩花池、绿化混凝土+砌石挡墙)、卵石平台护坡、箱形块体+防汛栏板、组合式挡墙+漫步植生平台、直立墙破拆 + 多级植生平台等多种断面型式。

1.2　护岸设计原则

1.2.1　统筹协调

护岸工程作为河道整治系统重要的组成部分,其空间布局和生态修复设计需统筹考虑区域的城市规划,以及水系、园林、绿化、市政道路等相关专项规划要求,统筹考虑营造水清岸绿的生态美景,与流域整体生态系统充分衔接,针对河道现状,科学分析河岸带的分区功能,优先考虑主导功能,实现水岸联动、蓝绿交融,促进生态系统的健康发展。

1.2.2　人水相亲的设计理念

在传统城市防洪规划中,通常侧重于排洪,极少考虑水域与陆域空间生态种群的动态平衡以及河岸景观协调性。城市河道被硬质混凝土或浆砌块石片状严裹,防洪墙与护坡隔断水陆间水分的相互贯通,人水互不相亲。汛期城市防洪工程发挥了巨大作用,但非汛期时间较长,河道水位较低,甚至断流干涸,灰白色钢筋混凝土挡墙或混凝土护坡映射城市空间,形成极不美观的城市水岸景象,严重破坏了生物系统对水体中污染物质的截留和吸附作用,造成了水生态破坏、水环境污染、水资源短缺、水安全风险、水文化消失等一系列问题。

随着城市化进程的加快和国家对生态环境保护的重视,近年来,河道整治逐渐摒弃以往石砌岸壁的传统设计,而是在更多的沿溪流域采用新型的生态护坡形式,通过植被防护和工程防护相结合进行结构设计,从而建立既稳固又具有良好生态效应的坡面综合防护体系。综合考虑防洪、水环境、水生态、水景观和水文化的要求,按照自然生态型、防洪技术型和城市空间型相结合的原则,将水安全、水环境、水生态、水景观、水文化互为一体的纳入到规则之中,使整治后河道变成一个以水为轴、以绿为体、以人为本的“绿色生态走廊”,增强“新水性”,实现人水相亲的设计新理念。

1.2.3　因地制宜

河道岸线布置尽可能保留或修复原有河流的自然景观格局,改变几十年来惯用的“治河几大直线”的做法,根据现有河势、水文地质特点、降雨规律、水环境保护等,因地制宜地设计丰富多变的河底线、河坡线、河口线,避免大规模的裁弯取直和人工渠化,应尽量对环境采用低影响开发,在陆域缓冲带可通过设置骑行道、慢行道、人工湿地、休憩平台、下凹式绿地、植草沟、雨水花园、水中栈道、透水铺装、生物滞留设施等处理方式调蓄和净化来自周边的雨水,减缓地表径流流速、去除径流中的污染物,创造较为丰富的水环境,改变原来呆板、单调的河道模式,建设曲折多变的水流形态。

1.2.4　生态多样性的设计原则

生态多样性包含了生态系统中的生物多样性、生境多样性以及能量转化过程的多样性等综合内涵。维护生态系统的多样性和稳定性是预防自然灾害、创造宜居环境以及提升人们的景观空间视觉质量的基础。生态多样性程度越高,意味着生物多样性越丰富,抵御各种类型的环境破坏的能力越强,包括农业生产力在内的重要的生态服务功能也越强,生态系统调节的能量转化过程越稳定。随着人们对生态多样性认识的不断加深,基于文化底蕴的审美偏好与生态环境之间的紧密关系逐渐为人们所重视。在城市规划中,如何使景观空间同时具有生态功能性的视觉愉悦性,实现生态服务功能与景观空间视觉质量目标的结合,成为规划设计过程中必须考虑的问题。

河道治理顶层规划和设计中,在满足防洪、除涝等水安全条件下,结合周边土地利用性质,考虑营造满足柔美生态线和亲水观光的要求,依形就势地选择生态化和多样化的断面形式。使工程结构对河流的生态系统冲击最小化,不仅对水流的流量、流速、冲淤平衡、环境外观等影响最小,而且要适宜于创造动物栖息及植物生长所需的多样性生活空间。

1.2.5　生态优先

新时代河道整治应遵循生态优先原则,将自然途径与人工措施相结合,在确保城市排水防涝安全的前提下,最大限度地实现雨水在城市区域的积存、渗透和净化,促进雨水资源的利用和生态环境的保护。在规划和建设城市河道时,要以确保城区内原有生态系统不被破坏为前提,充分考虑生态环境的保护问题及生态环境的自我修复问题。尽可能不破坏既有河流廊道的生态、景观,尽量保全所有的生态结构与功能并维持其多样性,营造生物栖息地的多样性,运用自然演替、物质循环与河流自净能力等,促进生态系统的复原能力。

第 2 章　直墙式护岸结构

2.1　直墙式护岸（A 类）分类

直墙式护岸通常可分为钢筋混凝土直立挡墙（悬臂式、扶壁式及空箱式）、素混凝土直立挡墙、衡重式挡墙、浆砌块石挡墙、干砌石挡土墙、倾斜基底悬臂式挡墙、凸榫基底悬臂式挡墙等几种，其主要特征见表 2-1。

表 2-1　直墙式护岸主要特征表

护岸结构类型	型式	断面名称	适用条件	合理建筑高度	主要优点	主要缺点
钢筋混凝土直立挡墙（A-1 型）	A-1-a 型	悬臂式挡墙	规划陆域用地有保障的、缺乏石料和地基承载力较低填方路堤、填方渠堤、岸坡防护等处	8 m 以下	①结构轻型；②承载能力较大	①自身稳定性差；②需配置钢筋；③施工难度较大
	A-1-b 型	扶壁式挡墙	规划陆域用地有保障的、缺乏石料和地基承载力较低的填方路堤、填方渠堤、岸坡防护等处	9~15 m	①建筑高度较大；②结构轻型；③承载能力较大	①自身稳定性差；②需配置钢筋；③施工难度较大
	A-1-c 型	空箱式挡墙	多用于浸水环境下具有较高稳定性能要求的节制闸、船闸或高路堤河段的岸墙、翼墙	10~20 m	①建筑高度较大；②结构稳定性好；③外观效果好	①结构复杂；②施工难度大；③工程量大，工期长；④造价较高
素混凝土直立挡墙（A-2 型）	A-2 型	素混凝土挡墙	一般地区、浸水地区和地震地区路基、路堑、边坡、堤防、护岸、码头、岸坡滑坍等工程	8 m 以下	①施工简便，应用广泛；②施工速度快	①施工难度较大；②对地基承载力要求较高

续表 2-1

护岸结构类型	型式	断面名称	适用条件	合理建筑高度	主要优点	主要缺点
衡重式挡墙（A－3型）	A－3型	衡重式挡墙	规划陆域用地有限制、现状不具备条件墙后大开挖的护岸工程	6 m以下	①能有效降低土压力；②利用卸载平台上填土重量增加自身稳定，地基应力分布均匀；③材料用量较梯形断面少15%～25%；④就地取材，结构简单	①施工难度较大；②自身稳定性差；③局部需配置钢筋；④对地基承载力要求较高
浆砌块石挡墙（A－4型）	A－4型	浆砌块石挡墙	地形、地质条件较好的，高度不大，重要性略差的农田工程、房屋周边场地平整工程、堤后鱼塘或圩区处理工程等	3～8 m	①自身稳定性好；②施工简单，应用广泛；③外观效果好；④就地取材	①整体性和耐久性差；②自身工程量大；③地基承载力要求高
干砌石挡墙（A－5型）	A－5型	干砌石挡墙	地形、地质条件较好的，高度不大，冲刷流速小于3 m/s的非地震区农田工程、道路市政工程、有生态景观要求的堤坡防护工程等	4 m以下	①就地取材；②施工简单；③造价较低；④能创造出多样化边界流态环境，增加植物生长及植物栖息空间	①建筑高度低；②非航道工程中使用；③地震区不能使用
倾斜基底悬臂式挡墙（A－6型）	A－6型	斜底板悬臂式挡墙	墙体高度大、墙后回填土质差，特别是高烈度地震区（Ⅷ度以上）的工程	8 m以下	①设计构造简单；②抗滑效果好；③经济效果佳，凸榫基底比倾斜基底节约20%左右的挡土墙圬工体积	①生态效益差；②需配置钢筋；③施工难度较大
凸榫基底悬臂式挡墙（A－7型）	A－7型	凸榫基底悬臂式挡墙				

2.2 直墙式护岸设计案例

2.2.1 钢筋混凝土直立挡墙(A-1型)

钢筋混凝土直立挡墙是指采用混凝土配置钢筋浇筑而成的挡墙,这种挡墙型式为轻型结构,一般可分为悬臂式挡墙(A-1-a型)、扶壁式挡墙(A-1-b型)、空箱式挡墙(A-1-c型)等。常用混凝土强度等级为C25~C30,钢筋采用Ⅱ级HRB400钢筋。悬臂式挡墙建筑高度8 m以下,扶壁式挡墙建筑高度9~15 m,空箱式挡墙建筑高度可达10~20 m。

钢筋混凝土直立挡墙适用于规划陆域用地有保障的、缺乏石料和地基承载力较低填方路堤、填方渠堤、岸坡防护等处。对不具备修筑土堤的居民密集区段、现有驳岸破损严重具备条件拆除重建段宜优先考虑。该种结构型式已在新沟河延伸拓浚工程江边枢纽、新沟河延伸拓浚工程漕河—五牧河段及直湖港段河道整治工程、新孟河延伸拓浚工程、七浦塘拓浚整治工程、京杭大运河(苏州段)堤防加固等工程中得到广泛应用,效果良好。

钢筋混凝土悬臂式、钢筋混凝土扶壁式、钢筋混凝土空箱扶壁式结构断面轻巧,基底反力较重力式结构小,挡土高度较大、承载能力较大,挡墙整体性好,抗冲、抗损强度高,使用年限长,材料用量少,施工周期短,施工质量容易控制。但自身稳定性较差,需根据结构计算配置受力钢筋及分布钢筋,施工难度大。

2.2.1.1 悬臂式挡墙(A-1-a型)

悬臂式挡墙也称L形墙,由底板及固定在底板上的悬臂式直墙构成,主要依靠底板上的填土质量以维持稳定的挡土建筑物,能充分利用钢筋混凝土的受力特征,墙体截面较小。墙高在8 m以下时较为经济,由于墙踵悬臂有一定的长度,在岸坡陡峻、开挖难度大时不宜采用。

1. 断面特性

挡墙底板面高程2.0 m,底板厚0.5 m,墙身厚0.4~0.6 m,底板宽4 m,挡墙顶高程为5.5 m,上设1 m高挡浪板至堤顶高程6.5 m,挡墙挡浪板厚0.2 m。对挡墙底板下采用ϕ60@120水泥搅拌桩处理,矩形布置,桩长根据相应勘探布孔位置的土层分布情况计算确定。该护岸案例为新沟河延伸拓浚工程漕河、五牧河段河道整治工程、新孟河延伸拓浚工程太滆运河、漕桥河段河道整治工程等。悬臂式挡土墙设计断面见图2-1,实施照片见图2-2。

2. 稳定验算

经稳定核算,悬臂式挡土墙抗倾、抗滑安全系数均大于规范要求,在各种工况下均能符合$P_{平均} < [f_{spk}]$、$P_{max} < 1.2[f_{spk}]$的条件,满足地基承载力要求。护岸稳定验算成果见表2-2。

2.2.1.2 扶壁式挡墙(A-1-b型)

扶壁式挡墙,也称扶垛式挡墙,由底板及固定在底板上的直墙和扶壁构成,主要依靠底板上的填土重量以维持稳定的挡土建筑物。当墙后填土较高(10 m以上)时,为了增强悬臂式挡土中立臂和悬臂的抗弯能力,使墙体断面较小,常沿墙的纵向每隔一定距离设置

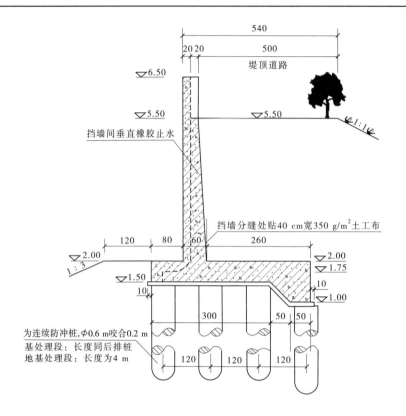

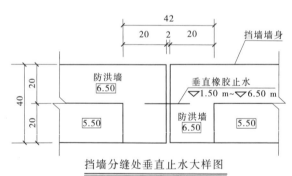

挡墙分缝处垂直止水大样图

图 2-1　悬臂式挡墙设计断面　（单位:cm）

表 2-2　悬臂式挡墙(A－1－a 型)稳定验算成果

计算工况	水位组合 (m)		偏心距 e (m)	地基反力 (kPa)			不均匀系数		抗滑安全系数		抗倾安全系数	
	墙前	墙后		P_{max}	P_{min}	P	η	$[\eta]$	K_c	$[K_c]$	K_0	$[K_0]$
完建期	1.60	3.20	0.069	66.86	49.22	58.04	1.36	2.00	1.27	1.25	3.24	1.40
正常水位	3.20	3.70	0.095	61.24	45.91	53.58	1.33	2.00	1.28	1.25	2.68	1.50
设计洪水位	5.25	5.50	0.160	49.20	30.18	39.69	1.63	2.00	1.32	1.25	1.64	1.50
设计低水位	2.50	3.20	0.063	63.28	52.37	57.83	1.21	2.00	1.32	1.25	3.35	1.50

(a)挡墙墙身钢筋绑扎及立模　　　　　　(b)墙后土方分层铺填

(c)填筑前铺设土工布、清基

图 2-2　悬臂式挡墙实施照片

一道扶壁。当墙高大于 10 m 时采用扶壁式挡墙较为经济,但这种型式的挡墙一般造价较高,钢筋用量较多,设计施工也较为复杂,常用于有特殊要求的挡墙。

1.断面特性

挡墙底板面高程 −0.50 m,底板厚 0.7 m,底板宽 7.5 m,墙身高 6.5 m,墙厚 70 cm,扶壁间距 2.87 m,墙前 2 m 范围内采用 C25 现浇混凝土护底护砌,厚 20 cm,下设 10 cm 厚砂石垫层及 350 g/m² 土工布一层。扶壁式挡墙设计断面见图 2-3,实施效果见图 2-4。该护岸案例为太湖流域湖西区九曲河整治工程。

2.稳定验算

经稳定核算,扶壁式挡墙抗倾、抗滑安全系数均大于规范要求,在各种工况下均能符

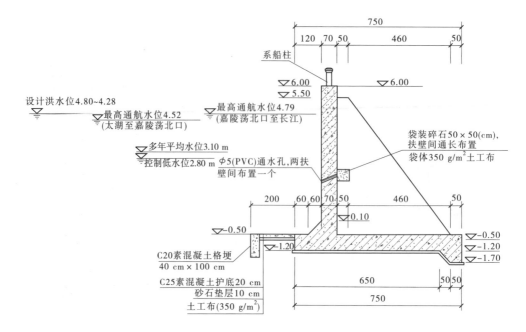

图 2-3　扶壁式挡墙设计断面　（单位:cm）

图 2-4　扶壁式挡墙实施效果

合 $P_{平均} < [f_{spk}]$、$P_{max} < 1.2[f_{spk}]$ 的条件,满足地基承载力要求。护岸稳定验算成果见表 2-3。

2.2.1.3　空箱式挡墙(A-1-c 型)

空箱式挡墙由底板、顶板及立墙组成空箱状,主要依靠箱内填土或充水的重量以维持稳定的挡土建筑物。

表 2-3　扶壁式挡墙(A – 1 – b 型) 稳定验算成果

计算工况	水位组合（m）		偏心距 e（m）	地基反力（kPa）			不均匀系数		抗滑安全系数		抗倾安全系数	
	墙前	墙后		P_{max}	P_{min}	P	η	$[\eta]$	K_c	$[K_c]$	K_0	$[K_0]$
完建期	无水	1.50	0.15	129.91	100.78	115.35	1.28	2.00	1.48	1.25	3.89	1.50
正常水位	3.10	3.60	0.24	110.89	74.33	92.61	1.49	2.00	1.46	1.25	2.28	1.50
设计低水位	2.80	3.60	0.41	124.49	62.77	93.63	1.98	2.50	1.20	1.15	2.19	1.50
设计洪水位	4.68	5.20	0.32	99.94	58.53	79.24	1.71	2.50	1.42	1.15	1.81	1.40
地震	3.10	3.60	0.37	120.42	64.79	92.61	1.86	2.50	1.27	1.05	2.17	1.40

1. 断面特性

空箱岸墙平面尺寸为 11 m×14.78 m,墙底高程 –2.85 m,底板厚 1 m,底板宽 11 m,墙顶高程 6.50 m,墙体厚度 0.6 m。扶壁厚 0.6 m,间距 4.13 m,顶高程 6.00 m,顶宽 0.5 m,底宽 5.1 m。空箱内填土高程 –0.85 m,高程 0.0 m、5.5 m 处设 ϕ 10(PVC)通水孔,迎水侧空箱墙顶设花岗岩栏杆。该护岸案例为七浦塘拓浚整治工程江边枢纽。具体如图 2-5 所示。

2. 稳定验算

经稳定核算,空箱式挡墙抗倾、抗滑安全系数均大于规范要求,在各种工况下均能符合 $P_{平均} < [f_{spk}]$、$P_{max} < 1.2[f_{spk}]$ 的条件,满足地基承载力要求。护岸稳定验算成果见表 2-4。

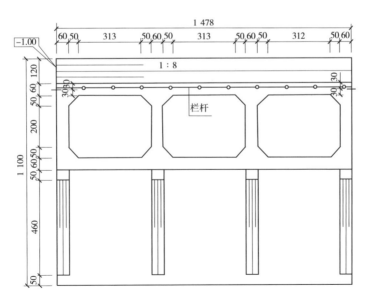

图 2-5　空箱式挡墙设计断面　（单位:cm）

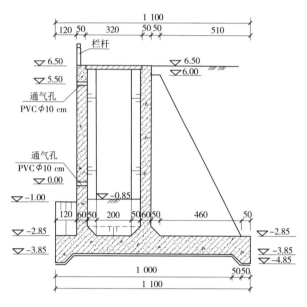

续图 2-5

表 2-4　空箱式挡墙(A－1－c 型)稳定验算成果

计算工况	水位组合（m）		σ_{max}（kN/m²）	σ_{min}（kN/m²）	$\sigma_{平均}$（kN/m²）	偏心距 e（m）	不均匀系数		抗滑安全系数（3级）		抗倾安全系数	
	墙前	墙后					η	$[\eta]$	K_c	$[K_c]$	K_L	$[K_L]$
完建期	-2.85	0.00	145.61	133.31	139.46	-0.08	1.09	2.0	1.38	1.25	3.86	1.50
设计1	3.20	3.70	111.27	107.63	109.45	0.03	1.03	2.0	1.41	1.25	2.07	1.50
设计2	5.05	5.55	103.90	92.62	98.26	0.11	1.12	2.0	1.43	1.25	1.75	1.50
校核1	2.50	3.00	113.99	113.32	113.66	-0.01	1.01	2.5	1.42	1.10	2.23	1.40
校核2	5.29	6.00	106.25	85.47	95.86	0.20	1.24	2.5	1.35	1.10	1.69	1.40

2.2.1.4　设计要点

(1)挡墙的墙顶宽度应根据墙体建筑材料和填土高度合理确定。考虑墙顶栏杆或挡浪板的布置和施工条件等因素,挡墙墙顶宽度不宜太小,一般混凝土或钢筋混凝土直立挡墙的墙顶宽度不应小于 0.3 m。墙后填土不到顶时,为了便于工程管理中的人员巡视,墙顶宽度宜适当加大或增设巡视平台。

对于悬臂式、扶壁式、空箱式挡墙结构,结构尺寸相对单薄,除了底板长度应由稳定计算条件确定外,其余均应满足强度和耐久性要求。扶壁式、空箱式结构由于前墙或前、后墙与隔墙形成了框格,有利于受力,但若按强度计算所需墙厚较小时,还应考虑耐久性要求和施工便利,适当加宽墙顶宽度。否则会导致施工过程中浇筑振捣困难,而且因钢筋保护层过小,投入使用年限不久就可能会出现混凝土碳化、钢筋锈蚀等现象。

(2)钢筋混凝土直立挡墙墙后回填土控制含水量与土料最优含水量的允许偏差宜为±3%。填土应分层碾压或夯实,分层厚度不宜大于0.3 m。

(3)当钢筋混凝土直立挡墙墙前有可能被水流冲刷的土质地基,挡墙墙趾埋深宜为计算冲刷深度以下0.5~1.0 m,否则应采取可靠的防冲措施。

(4)土质地基上悬臂式挡墙的前趾和底板可简化为固支在墙体上的悬臂板,可以按受弯构件计算,也可按弹性地基梁计算。墙身可按固支在底板上的悬臂板按受弯构件计算,或按偏心受压构件核算截面应力。

(5)土质地基上扶壁式挡墙底板的前趾可简化为固支在墙体上的悬臂板,按受弯构件计算;底板、墙身距墙身和底板交线1.5倍扶壁间距以内部分可简化为三边固支、一边自由的弹性板,按双向板计算,其余部分按单向板计算;扶壁可简化为固支在底板上的悬臂梁,按受弯构件计算,但应加强斜面钢筋布置,并应按中心受拉构件分段计算扶壁与墙身的水平连接强度、扶壁与底板的垂直连接强度。

(6)土质地基上空箱式挡墙底板的前趾可简化为固支在墙体上的悬臂构件计算;底板的空箱部分可简化为四边固支在墙体上的弹性板,按双向板计算;墙身下部1.5倍隔墙间距以内部分可简化为三边固支、一边自由的弹性板,按双向板计算,其余部分按单向板计算;墙身也可沿水平向截条按框架计算。

兼有挡水作用的空箱式挡墙,为了稳定需要,往往在前墙的下部最低水位以下开有进水孔。凡开有进水孔的前墙,为使墙体前、后的水位能迅速配平,前墙的顶部需要留有足够面积的排气孔。足够面积是指在水体涌入空箱时所排出的气不至于发生啸叫声。

(7)墙后土堤顶面高程应该高出设计洪水位50 cm以上,使堤身浸润线以上有一定的保护土层,堤防面得以保持干燥。若低于设计洪水位应将挡浪板按防洪墙设计,确保止水顶高程不低于设计洪水位50 cm。

(8)对挡墙底板下存在软淤土的需进行地基处理,一般埋深小于2 m的采用10%水泥土换填,大于2 m的可考虑采用水泥搅拌桩、PC管桩、预制方桩等不同处理方式,桩长根据地质分布计算确定。基坑开挖后必须联合参建各方进行验槽,当发生与勘探成果不符的地层情况时,现场另行处理。

(9)挡墙底板以上墙后2 m范围内应采用人工平整、小型机械夯实。为保证底板与墙结合面的施工质量,悬臂挡墙的墙身与底板的施工缝建议预留在底板顶面以上30 cm。新旧混凝土结合面凿毛清理,浇筑混凝土前,原混凝土表面应刷一层混凝土界面剂。

(10)若工程跨汛施工,则围堰堰顶高程需考虑度汛因素。承包人应编写出现超标准洪水时,对围堰进行加固的应急预案,特别对涉及圩区段河道需挖除原有堤防拓宽新建挡墙的,施工期间需确保修筑的临时顺堤子堰顶高程不得低于现有堤防堤顶高程。

(11)钢筋混凝土直立挡墙除应满足结构强度和抗裂要求外,还应根据工作条件、地区气候和环境等因素,分别满足抗渗、抗冻等要求。

(12)为减少挡墙的温度裂缝,宜采用下列一种或几种防裂措施:适当减小挡墙的分段长度;在可能产生温度裂缝的部位增设插筋或构造补强钢筋;结合工程具体情况,采取控制和降低混凝土浇筑温度的工程措施，并加强混凝土养护；严寒、寒冷地区的挡墙，其冬季施工期和冬季运用期均应采用适当的保温防冻措施。

（13）注重强制性条文执行情况的编制。《工程建设标准强制性条文》（水利工程部分）的实施是水利部贯彻落实国务院《建设工程质量管理条例》的重要措施，是水利工程建设全过程中的强制性技术规定。设计单位强制性条文执行落实情况是历次水利部、水利厅质量稽查与考核的必查项之一。

（14）注重安全专章及防范生产安全事故设计指导意见编制。设计文件中应就度汛安全、围堰安全、施工期降排水安全、基坑边坡安全、土方回填安全、混凝土施工安全、弃土区施工安全、安全警示标牌、施工期劳动安全、施工安全防范重点部位和环节、重点部位和环节防范生产安全事故措施等方面提出设计指导意见。

4. 施工注意事项

（1）工程开工前先根据施工图提供的数据，用水准仪、全站仪对业主提供的控制点进行复核，其精度必须符合要求。复核合格后，根据施工现场的实际情况设测量控制桩，并给予固定和保护。对挡墙外边线（河口线）及高程应进行精确放样。

（2）任意部位混凝土浇筑前 8 h（隐蔽工程 12 h）必须通知监理进行准备工作检查，检查内容主要包括地基处理、已浇混凝土面的清理、模板、伸缩缝等。同时应将混凝土配料单提交监理审核同意后方可进行混凝土浇筑。混凝土采用分层浇筑，每层浇筑厚度 30 ~ 50 cm，每层浇筑后用插振振捣密实，振动棒应插入已浇混凝土层中不小于 5 cm，以保证混凝土整体性。

（3）施工时应采取必要、有效的降水措施，按设计要求控制完建期墙后地下水位，确保基坑渗流稳定。

（4）按《混凝土结构工程施工质量验收规范》（GB 50204—2015）和《水工混凝土施工规范》（DL/T 5144—2015）的规定，根据当地多年气温资料，室外日平均气温连续 5 d 低于 3 ℃时，混凝土工程即应进入冬季施工模式，混凝土应按冬期施工要求，做好养护期内混凝土的防冻保暖工作，防止新浇混凝土冻坏和混凝土内外温度梯度过大而出现初期温度裂缝。

（5）混凝土的浇筑与养护必须保证混凝土的入模温度大于 5 ℃；在浇筑底板等大面积混凝土时，用真空机吸去表面的泌水和自由水，加速凝结，增加表面强度，立即覆盖一层塑料布和二层草袋；拆除模板时，混凝土的表面温度与自然气温之差不应超过 20 ℃；对已拆除模板的混凝土，应采取保温材料予以保护。结构混凝土在达到规定强度后才允许承受荷载，施工中不得超载，严禁在其上堆放过量的建筑材料或机具。

（6）混凝土雨季施工措施：认真做好施工场地内的排水工作，由专人负责保证施工区域内的排水畅通工作；施工安排上应坚持先低后高的原则，在少雨季节尽可能优先安排基础混凝土部分先施工；混凝土施工过程中应及时掌握天气变化情况，当降雨量在 5 mm 以上或浇筑时段可能遇到大雨天气时应避免开仓浇捣；雨天浇筑的混凝土，应随时调整混凝土用水量，并适当减少水灰比防止水灰比增大而影响混凝土的质量；若浇筑底板面层等重要结构部位混凝土时遇下雨天气，必要时搭设防雨篷。

2.2.2　素混凝土挡墙(A - 2 型)

采用素混凝土浇筑而成的挡墙,多为重力式,常用混凝土强度等级为 C20 ~ C25。素混凝土是由水泥、砂(细骨料)、石子(粗骨料)、外加剂,按一定比例混合后加一定比例的水拌制而成,与钢筋混凝土相比,无须配置钢筋。经济建筑高度为 8 m 以下。

2.2.2.1　适用条件

广泛用于一般地区、浸水地区和地震地区路基、路堑、边坡、堤防、护岸、码头、一般岸坡滑坍等工程,防护高度通常为 8 ~ 12 m。目前航道上该种型式用得相对较多。该种结构型式已在京杭大运河(苏州段)"四改三"整治等工程中得到广泛应用,效果良好。

2.2.2.2　优点与缺点

施工简便、施工速度快,应用广泛,但自身工程量大,对地基承载力要求高。

2.2.2.3　素混凝土挡墙(A - 2 型)断面特性

底板采用 C25 素混凝土,底板顶高程 -1.20 m(85 国家高程基准,下同),宽 4 m,厚 0.5 m,底板前、后趾悬挑长度均为 0.5 m;墙身采用 C25 素混凝土,临水面后倾斜率为 10:1。压顶采用 0.3 m×0.52 m(高×宽)的 C25 混凝土压顶,压顶临水侧伸出墙身 2 cm,压顶与墙身间设置 Φ16 的插筋进行连接;护岸顶高程 2.90 m,护岸临水侧设置凹缝图案。在墙身临土侧高程 0.0 m 处设置 Φ75 斜率5% 横向 PVC 排水管一道(间距 3 m),与墙后 Φ100 的纵向软式排水管相连。素混凝土挡墙设计断面如图 2-6 所示。

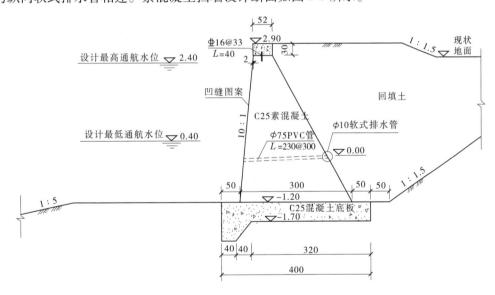

图 2-6　素混凝土挡墙设计断面 （单位:cm）

2.2.2.4　稳定验算

经稳定核算,素混凝土挡墙(A - 2 型)抗倾、抗滑安全系数均大于规范要求,在各种工况下均能符合 $P_{平均} < [f_{spk}]$、$P_{max} < 1.2[f_{spk}]$ 的条件,满足地基承载力要求。护岸稳定计算成果见表 2-5。

表 2-5　素混凝土挡墙(A－2 型)稳定验算成果

计算工况	水位组合 (m)		偏心 距 e (m)	地基反力 (kPa)			不均匀系数		抗滑安全 系数		抗倾安全 系数	
	墙前	墙后		P_{max}	P_{min}	P	η	$[\eta]$	K_c	$[K_c]$	K_0	$[K_0]$
完建期	-1.00	1.50	0.056	75.94	62.49	69.22	1.22	2.00	1.52	1.25	5.23	1.50
正常水位	1.00	1.50	0.151	73.14	42.87	58.00	1.71	2.00	1.33	1.25	2.59	1.50
设计洪水位	4.25	4.25	0.126	73.05	46.95	60.00	1.56	2.00	1.34	1.25	2.91	1.50
设计低水位	0.60	1.10	0.029	53.49	48.32	50.91	1.11	2.00	2.46	1.25	1.94	1.50
地震期	1.00	1.50	0.153	72.14	43.82	57.98	1.65	2.00	1.30	1.05	2.56	1.40

2.2.3　衡重式挡墙(A－3 型)

衡重式挡墙是指利用衡重台上部填土的重力而使得墙体重心后移来抵抗侧向土压力的挡土墙,通常采用现浇混凝土或浆砌石浇筑而成,常用混凝土强度等级为 C20 ~ C25,石材强度等级不低于 MU30。在采用重力式挡墙需要较大工程量的情况下,改用衡重式挡墙将会显著减少材料用量,经济建筑高度为 6 m 以内。

2.2.3.1　适用条件

衡重式挡墙是一种较特殊的断面结构,其稳定主要依靠墙身自重和衡重台上填土重量维持。通常用素混凝土或块石砌筑而成,墙体抗拉强度较小,常用于相对较矮的挡墙。对规划陆域用地有限制,现状不具备条件墙后大开挖的护岸工程,可以考虑采用衡重式挡墙替代常规重力式挡墙、钢筋混凝土悬臂或扶壁式挡墙。该种结构型式已在新沟河延伸拓浚工程、新孟河延伸拓浚工程、京杭大运河(苏州段)堤防加固等工程中得到广泛应用,效果可观。

2.2.3.2　优点与缺点

(1)就地取材,结构简单。

(2)能有效降低墙后土压力。

(3)利用减荷平台上部填土重量增加挡墙自身稳定性,地基应力分布均匀。

(4)节省材料用量,一般可较梯形断面少 15% ~25%。

(5)施工难度较大,自身稳定性差,局部需配置钢筋。

2.2.3.3　断面特性

底板面高程 3.0 m(施工期水位)以下至高程 1.50 m 采用 C25 夹石混凝土,高程 3.00 ~5.20 m 采用 C25 素混凝土墙身,设 30 cm 厚、60 cm 宽钢筋混凝土压顶至高程 5.50 m,高程 5.50 m 以上设 1 m 高挡浪板至防洪高程 6.50 m,墙身与夹石混凝土底板间设置石笋。底板下设 3 排 4 ϕ 15 木桩,木桩梢径不小于 15 cm,浸水柏油一遍。衡重式挡墙设计断面见图 2-7。

2.2.3.4　稳定验算

经稳定核算,衡重式挡墙抗倾、抗滑安全系数均大于规范要求,在各种工况下均能符合 $P_{平均} < [f_{spk}]$、$P_{max} < 1.2[f_{spk}]$ 的条件,满足地基承载力要求。护岸稳定验算成果见

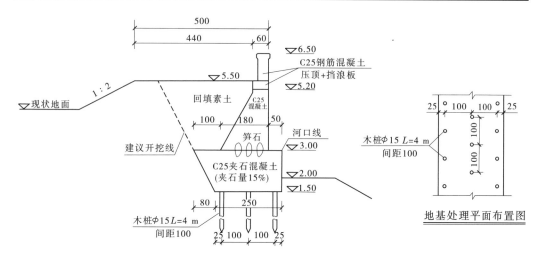

图 2-7　衡重式挡墙设计断面　（单位:cm）

表 2-6。

表 2-6　衡重式挡墙(A-3型)稳定验算成果

计算工况	水位组合（m）		偏心距 e（m）	地基反力（kPa）			不均匀系数		抗滑安全系数		抗倾安全系数	
	墙前	墙后		P_{max}	P_{min}	P	η	$[\eta]$	K_c	$[K_c]$	K_0	$[K_0]$
完建期	1.60	3.20	0.07	97.61	71.50	84.55	1.37	2.00	1.34	1.25	3.80	1.50
正常水位	3.20	3.70	0.06	86.03	66.33	76.18	1.30	2.00	1.27	1.25	2.87	1.50
设计洪水位	5.25	5.50	0.01	59.45	55.83	57.64	1.06	2.00	1.27	1.25	1.80	1.50
设计低水位	2.50	3.20	0.09	97.64	65.84	81.74	1.48	2.00	1.33	1.25	3.58	1.50
地震期	3.20	3.70	0.07	86.38	65.33	75.86	1.36	2.00	1.50	1.05	2.26	1.40

2.2.3.5　设计要点

（1）墙体底部与底板之间应设笋石,以增强结构整体性。底板面应凿毛处理后方可砌筑,笋石采用梅花形布置,间距 1~1.3 m,笋石埋入及露出底板至少 15 cm。

（2）其余可参见(A-1型)钢筋混凝土直立挡墙设计要点。

2.2.3.6　施工注意事项

（1）施工前应做好地面排水工作,以确保基坑在开挖及填筑期间保持干燥状态,避免基坑长期浸泡水中。

（2）在松软地层或坡积地段,基坑不得全段开挖,以免在挡墙完工以前先发生土体坍滑,必须采用跳槽开挖、及时分段砌筑的施工办法。

（3）基坑开挖后必须联合参建各方进行验槽,如发生与勘探成果不符的地层情况,应及时通知设计院调整设计方案。

（4）墙背回填需待砂浆或素混凝土强度达 75% 以上时方可进行,墙背填料就符合设计要求,回填应逐层填筑、逐层夯实。

（5）当墙后地面横坡陡于 1:5 时,应先挖台阶,然后回填。

（6）石料、水泥混凝土或水泥砂浆强度等级应符合设计要求。

2.2.4　浆砌块石挡墙（A-4型）

浆砌块石挡墙是指用砂浆砌筑块（片）石形成的挡墙，多为重力式。常用浆砌石挡墙的水泥砂浆强度等级为 M7.5～M10，块（片）石的强度等级不低于 MU30。经济建筑高度为 3～8 m。

2.2.4.1　适用条件

用于地形、地质条件较好的，高度不大，重要性略差的农田工程、房屋周边场地平整工程、堤后鱼塘或圩区处理工程等。该种结构型式已在新沟河延伸拓浚工程漕河河道整治、新孟河延伸拓浚、丁塘港整治等工程中得到广泛应用，效果良好。

2.2.4.2　优点与缺点

（1）自身稳定性好。

（2）就地取材，施工简便，造价相对略低。

（3）表面有凹凸感，感观效果较好。

（4）自身工程量大，施工质量难以控制，结构整体性和耐久性较差。

2.2.4.3　断面特性

底板面高程 2.00 m，厚 0.5 m，宽 4 m，墙顶高程 5.10 m，墙身采用 M10 浆砌块石，设 40 cm 厚、60 cm 宽钢筋混凝土压顶至高程 5.50 m，高程 5.50 m 以上设高 1 m、宽 0.25 m 挡浪板至防洪高程 6.50 m，墙身与夹石混凝土底板间设置笋石。浆砌块石挡墙设计断面见图 2-8。

2.2.4.4　稳定验算

经稳定核算，浆砌块石挡墙抗倾、抗滑安全系数均大于规范要求，在各种工况下均能符合 $P_{平均} < [f_{spk}]$、$P_{max} < 1.2[f_{spk}]$ 的条件，满足地基承载力要求。护岸稳定计算成果见表 2-7。

表 2-7　浆砌块石挡墙（A-4型）稳定验算成果

计算工况	水位组合（m）		偏心距 e（m）	地基反力（kPa）			不均匀系数		抗滑安全系数		抗倾安全系数	
	墙前	墙后		P_{max}	P_{min}	P	η	$[\eta]$	K_c	$[K_c]$	K_0	$[K_0]$
完建期	1.60	3.20	0.176	87.74	51.67	96.70	1.70	2.00	1.67	1.25	4.01	1.50
正常水位	3.20	3.70	0.173	76.38	45.33	60.86	1.69	2.00	1.63	1.25	2.86	1.50
设计洪水位	5.25	5.50	0.200	58.41	31.84	45.13	1.84	2.00	1.77	1.25	1.72	1.50
设计低水位	2.50	3.20	0.150	80.37	51.27	65.82	1.57	2.00	1.68	1.25	3.59	1.50
地震期	3.20	3.70	0.183	86.38	55.33	70.86	1.56	2.00	1.52	1.05	2.56	1.40

2.2.4.5　设计与施工注意事项

（1）石料的规格要求：质地坚硬、新鲜，不得有剥落层或裂纹。上下两面大致平整且平行，无尖角、薄边，单个片石石料厚度不小于 15 cm。

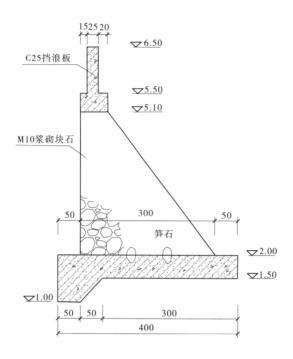

图 2-8　浆砌块石挡墙设计断面　（单位：cm）

（2）砌筑要求：在抗压强度未达到 2.5 MPa 前不得进行上层砌石的准备工作。砌石必须采用铺浆法砌筑，石块宜分层卧砌，上下错缝，内外搭砌。

（3）在铺砌前，将石料洒水湿润，使其表面充分吸收，但不得残留积水。砌体外露在砌筑后 12～18 h 之内给予养护，继续砌筑前，将砌体表面浮渣清除，再行砌筑。

（4）雨天施工不得使用过湿的石块，以免砂浆流淌，影响砌体的质量，并做好表面的保护工作。降雨量大于 5 mm 时，应停止露天砌筑作业。

（5）砌体的灰缝厚度应为 20～30 cm，砂浆应饱满，石块间较大的空隙应先填塞砂浆，后用碎块或片石嵌实，不得先摆碎石块后填砂浆或干填碎石块，石块间不应相互接触。

（6）砌石表面勾缝：勾缝砂浆应采用细砂和较小的水灰比，水灰比控制在 1∶1～1∶2。勾缝砂浆必须单独拌制，严禁与砌体砂浆混用。清缝在料石砌筑 24 h 后进行，缝宽不小于砌缝宽度，缝深不小于缝宽的 2 倍。勾缝前必须将槽缝冲洗干净，不得残留灰渣和积水，并保持缝面湿润。

2.2.5　干砌石挡墙（A-5 型）

干砌石挡墙是指用块（片）石叠压堆积形成的挡墙，多为重力式。常用于受力较小的场地，石料的强度等级不低于 MU30。

2.2.5.1　适用条件

适用于地形、地质条件较好，高度不大，冲刷流速小于 3 m/s 的非地震区农田工程、道路市政工程、有生态景观要求的堤坡防护工程等，地震地区、有通航要求的河道慎用。经济建筑高度小于 4 m。该种结构型式已在金山枫泾镇潘家楼整治等工程中得到应用，效果良好。

2.2.5.2　优点与缺点

（1）就地取材，施工简便，造价低廉；

（2）建筑高度较低，结构整体性差；

（3）地震区、有通航要求的河道不宜使用；

（4）干砌石利用天然石材，能创造出丰富多样化的边界流态环境，增加植物生长及水生物栖息空间。

2.2.5.3　断面特性

干垒砌石护岸在常水位下限设置混凝土底板，在水位变幅区堆置景观叠石及挺水植物进行点缀，护岸后设置不小于 1:2.5 的土坡至堤顶高程。干砌石挡墙设计断面如图2-9所示，整治效果见图2-10。

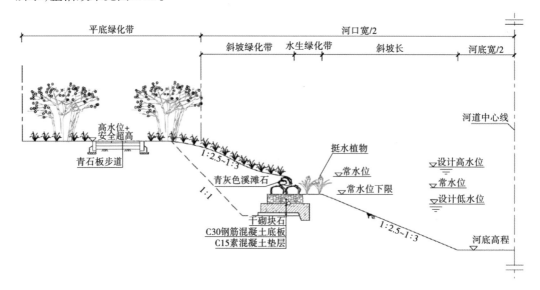

图 2-9　干砌石挡墙设计断面

图 2-10　干砌石挡墙整治效果

2.2.5.4　设计要点

（1）需通过整体稳定验算确定河道边坡,明确护砌高程。

（2）临水侧平台处应种植耐淹水生植物。

（3）坡面草皮基层土壤需分层碾压,地表部分20 cm需细耕捣碎,土块颗粒直径不大于3 cm,并用滚筒仔细压平。洒水、整平后加5 cm厚草坪营养土,混入少许沙后用竹片刮平。

（4）密铺草皮卷,不得留缝;浇水、滚筒碾压,保持草坪平整;草皮移植平整度误差不大于1 cm。

（5）干砌石挡墙砌筑施工时,砌体要分层进行,块石大面向下,逐层错缝砌筑,砌石边缘保证顺直、整齐、牢固,砌体外露面选用较为整齐的块石砌筑平整,挡墙内部缝隙均用小片石料填塞紧密。砌筑层面应用厚薄不同的石块调整高度,以便始终保持各层呈基本水平上升。

2.2.5.5　施工注意事项

（1）施工时砌体应分层进行,块石大面向下,逐层错缝砌筑,砌石边缘保证顺直、整齐、牢固,砌体外露面选用较为整齐的块石砌筑平整,挡墙内部缝隙均用小片石料填塞紧密。砌筑层面应用厚薄不同的石块调整高度,以便始终保持各层呈基本水平。

（2）干砌石砌筑应符合下列要求:

①砌石应垫稳填实,与周边砌石靠紧,严禁架空。

②严禁出现通缝、叠砌和浮塞;不得在外露面用块石砌筑,而中间以小石填心;不得在砌筑层面以小块石、片石找平;堤顶应以大石块压顶。

③承受大风浪冲击的堤段,宜用粗料石丁扣砌筑。

2.2.6　倾斜基底悬臂式挡墙（A-6型）

2.2.6.1　适用条件

倾斜基底对提高挡墙的抗滑稳定性作用显著,这种结构型式一般适用于墙体高度大、墙后回填土质差,特别是高烈度地震区（Ⅷ度以上）的工程。经济建筑高度8 m以下。该种结构型式已在太湖流域湖西区九曲河整治工程、徐洪河沙集抽水站、徐洪河废黄河北闸及郑集翻水站进水涵洞等工程中得到应用,效果良好。

2.2.6.2　优点与缺点

倾斜基底型式的挡墙能利用重力沿着基底面的下滑分力抵抗部分水平力,使滑动力合力减少,能有效提高挡墙的抗滑稳定系数,相对桩基础能有效降低工程投资。

2.2.6.3　断面特性

挡墙底板顶面高程墙前2.0 m,墙后1.6 m,底板厚至0.4 m,宽4.2 m。底板和墙身混凝土强度等级为C25,墙顶高程5.0 m,为降低墙后地下水高度,减小墙前、墙后水位差,在墙后高程2.5 m处设40 cm×40 cm黄沙反滤带（通长布置）及$\phi5@300$的PVC排水管,外包350 g/m²土工布一层,墙前与河底以1:2.5河坡衔接。倾斜基底悬臂式挡墙设计断面如图2-11所示。

2.2.6.4　稳定验算

经稳定核算,倾斜基底悬臂式挡墙（A-6型）抗倾、抗滑安全系数均大于规范要求,

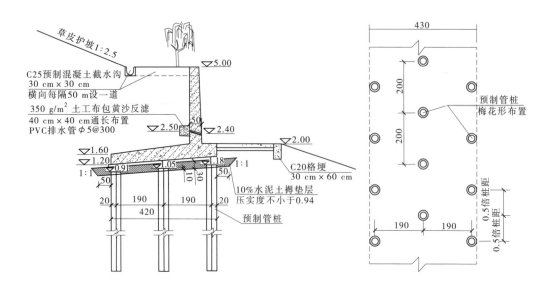

图 2-11 倾斜基底悬臂式挡墙设计断面 （单位:cm）

在各种工况下均能符合 $P_{平均} < [f_{spk}]$、$P_{max} < 1.2[f_{spk}]$ 的条件,满足地基承载力要求。护岸稳定验算成果见表2-8。

表 2-8 倾斜基底悬臂式挡墙(A-6型)护岸稳定验算成果

计算工况	水位组合(m)		地基反力(kPa)			不均匀系数		抗滑系数		抗倾系数	
	墙前	墙后	P_{max}	P_{min}	P	η	$[\eta]$	K_c	$[K_c]$	K_0	$[K_0]$
完建期	2.40	3.50	52.07	40.13	46.10	1.30	2.00	1.36	1.25	3.39	1.50
正常运行期	3.80	4.30	46.55	29.43	37.99	1.58	2.00	1.27	1.25	2.16	1.50
设计洪水位	5.00	5.00	32.61	29.34	30.97	1.11	2.00	2.14	1.25	1.73	1.50
设计低水位	2.80	3.80	51.50	35.44	43.47	1.45	2.50	1.25	1.10	2.83	1.40
地震期	3.80	4.30	48.93	27.04	37.99	1.81	2.50	1.14	1.05	2.10	1.40

2.2.6.5 设计要点

（1）倾斜基底是提高挡墙抗滑稳定性的有效方法,但底板的倾斜角度一般宜控制在5°~10°范围内,如果倾角过大,土方开挖及回填量也会相应增加,给施工带来困难的同时,还有可能引起河道断面整体抗滑稳定问题。

（2）墙顶平台坡脚处设 C25 预制混凝土截水沟 30 cm×30 cm,横向每隔50 m 设一道截水沟,便于坡面及堤顶积水由纵横向排水沟汇集后经墙身预留槽位处流入主河。

（3）其他设计要点参见 A-1 型。

2.2.6.6 施工注意事项

参见 A-1 型。

2.2.7 凸榫基底悬臂式挡墙(A-7型)

2.2.7.1 适用条件

凸榫基底作为增加抗滑稳定的方法之一,主要利用凸榫的被动土压力有效抵挡挡墙的滑动力,同时由于凸榫对地基的嵌固作用,一定程度上提高了地基抗倾覆力。城市建设中挡墙受空间制约、墙前无法设置支撑结构,墙后荷载复杂多样化,挡墙的滑动稳定常常成为挡墙结构断面的主控因素。增加挡墙的抗滑稳定性,采用凸榫是一种非常有效的抗滑措施。在墙身基本稳定(K_c 不小于 1.0)、滑动稳定系数尚未满足规范要求的不良地基条件下挡墙可优先考虑设置凸榫。该种结构型式已在太湖流域湖西区九曲河整治等工程中得到应用,效果良好。

2.2.7.2　优点与缺点

凸榫是挡墙在基础底面下设置一个与底板连成整体的榫状凸体,利用凸榫前土体产生的被动土压力,能有效减少滑动位移,增加挡墙抗滑稳定性。防滑凸榫具有设计构造简单、抗滑效果好、经济效果佳等特点,但是对天然地基要求较高。防滑凸榫挡墙既能满足抗滑稳定要求,同时由于凸榫对地基的嵌固作用,又能在一定程度上提高地基承载力。

2.2.7.3　断面特性

挡墙底板面高程 2.50 m,底板厚 0.4 m,基础底面下设 0.3 m × 0.3 m 梯形凸榫,凸榫距离底板前趾 0.5 m,墙身厚 0.3 ~ 0.5 m,底板宽 2.8 m,挡墙顶高程 4.5 m,高程 4.5 m 处留 2.5 m 宽平台,再以 1:2 坡接至堤顶高程 6.5 m。凸榫基底悬臂式挡墙设计断面如图 2-12 所示。

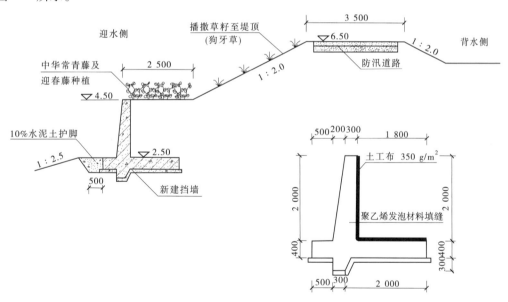

图 2-12　凸榫基底悬臂式挡墙设计断面 （单位:cm）

2.2.7.4　稳定验算

经稳定核算,凸榫基底悬臂式挡墙(A – 7 型)抗倾、抗滑安全系数均大于规范要求,在各种工况下均能符合 $P_{平均} < [f_{spk}]$、$P_{max} < 1.2[f_{spk}]$ 的条件,满足地基承载力要求。护岸稳定验算成果见表 2-9。

表 2-9　凸榫基底悬臂式挡墙(A - 7 型)护岸稳定验算成果

计算工况	水位组合（m）		偏心距 e（m）	地基反力（kPa）			不均匀系数		抗滑安全系数		抗倾安全系数	
	墙前	墙后		P_{max}	P_{min}	P	η	$[\eta]$	K_c	$[K_c]$	K_0	$[K_0]$
完建期	2.80	4.50	0.024	28.97	24.17	26.57	1.20	1.50	1.23	1.20	2.35	1.40
正常工况	3.30	4.50	0.020	25.92	23.72	24.82	1.10	2.00	1.21	1.05	2.18	1.30
地震工况	3.30	4.50	0.035	26.90	23.04	24.97	1.17	2.00	1.16	1.00	2.15	1.30

2.2.7.5　设计要点

（1）凸榫的布置范围：在不考虑设置凸榫的条件下，挡墙抗滑安全系数 $K_c = 1.004 \geqslant$ 1.0，挡墙基本稳定。在挡墙基本稳定的情况下，基础增加凸榫以保证挡墙的抗滑稳定。为使榫前被动土压力能够完全形成，墙背主动土压力不因设置凸榫而增大，将整个凸榫置于挡墙前趾与水平线 $45 - \varphi/2$ 角线和通过墙踵与水平线成 φ 角线所形成的三角形范围内（φ 为防滑凸榫面处地基土的内摩擦角），具体位置在距离挡墙前趾 0.5 m 处，尺寸为 0.3 m × 0.3 m。凸榫设置越靠近墙趾，加凸榫后的基底可利用摩擦力越大，在满足抗滑要求的前提下可减少凸榫承担的抗滑力从而优化凸榫结构断面。凸榫计算简图如图 2-13 所示。

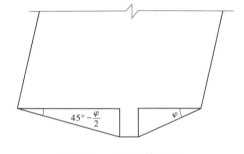

图 2-13　凸榫计算简图

（2）按截面上的弯矩以及截面上的剪力分别计算凸榫宽度，取二式计算结果的最大值作为设计凸榫的宽度。需要注意的是挡墙底面加入凸榫后，凸榫与墙踵、墙趾形成的夹角有角度限制，见（1）条所述。

（3）挡墙的抗滑安全系数随凸榫高度、宽度的增大而增大，随其离墙趾距离的增大而减少，在设置凸榫时可通知合理调整上述三因素，充分发挥其抗滑作用。凸榫高度的变化对挡墙抗滑性能影响最为敏感，设计中可在满足其他构造要求的前提下适当增大凸榫高度以增强挡墙的抗滑稳定性。

（4）与其他形式的挡墙相比，增设抗滑凸榫能大幅度提高抗滑性能，但是凸榫的设置对抗倾覆能力影响甚微。

（5）地震工况下抗滑及抗倾覆安全系数均比非地震工况下有所减少，而各种工况下凸榫高度、宽度以及位置等因素的变化趋势是一致的。

（6）凸榫高度、宽度及位置计算参见中国水利水电出版社出版的《水工挡墙设计》。

（7）凸榫基底抗滑挡墙比倾斜基底的抗滑挡墙要节约 20% 左右的挡墙圬工体积。如果基底摩擦系数减少且墙背主动土压力增大，节约效果将增大；反之，节约效果将减小。

2.2.7.6　施工注意事项

参见 A - 1 型。

第 3 章　斜坡式护岸结构

3.1　斜坡式护岸(B 类)分类

斜坡式护岸通常可分为生态型组合式护坡、联锁块护坡、预制混凝土护坡、植被护坡、模袋混凝土护坡、浆砌块石护坡、铰链式护坡、格宾网垫护坡、植生网垫护坡 – 水土保护毯、素混凝土护坡及植物混凝土护坡,其主要特征见表 3-1。

表 3-1　斜坡式护岸主要特征表

护岸结构类型	型式	断面名称	适用条件	主要优点	主要缺点
植被护坡(B – 1 型)	B – 1 型	植被护坡	河道规模较小、流速不大,边坡高度不高,坡度较缓且适宜草类生长的土质路堑和土堤边坡防护工程	①自然生态,环保美观;②抗侵蚀能力较好;③可有效防止水土流失,保护岸坡稳定	①抗冲刷能力差;②要求边坡稳定性好;③要求坡面冲刷细微
素混凝土护坡(B – 2 型)	B – 2 型	素混凝土护坡	岸后腹地较宽的河道,尤其广泛应用于风速大、吹程长的护坡河段	①抗冲浪能力强,整体性好,防渗性好;②原材料易于采购、节省石料,施工方便,质量易于控制;③工效高、施工周期短,造价低	①施工控制要求较高,施工难度大;②适应沉降变形能力弱,坡面观感差;③抗冻融性能一般,容易出现裂缝、变形、滑坡等病险问题
浆砌块石护坡(B – 3 型)	B – 3 型	浆砌块石护坡	规划陆域用地有保障的各类行洪河道,抗冲性能好、耐久性好	①抗冲刷能力强;②施工简单,应用广泛;③抗冻融性能较好	①石料采购难度大;②受人工技术水平制约,工程造价不具优势且施工质量较难控制,应用数量正逐渐减少

续表 3-1

护岸结构类型	型式	断面名称	适用条件	主要优点	主要缺点
模袋混凝土护坡（B-4型）	B-4型	模袋混凝土护坡	作为一种传统护坡技术，可广泛用于江、河、湖、海的堤坝护坡、护岸、港湾、码头等防护工程，一般适用于不具备干法施工条件，对抗冲能力和外观效果要求不高的情况	①施工简便，效率高；②水上、水下均可施工，机械化程度高；③整体性强、稳定性好；耐久性好，使用寿命长；④可迅速降低水灰比，增加混凝土抗压强度	①加剧城市热岛效应，生态效益差；②河流自净能力低；③施工质量难控制，容易出现混凝土厚度偏差大，抛面石平整度差等缺陷
联锁块护坡（B-5型）	B-5型	联锁块护坡	山丘护坡、低速或中速水流条件下渠道护坡或河床冲刷防护、排水沟护面、人行道、车道或船舶下水坡道防滑路面、停车场植草砖、湖泊和水库岸坡等	①生态环保，美观舒适；②河水自净能力强；③工程造价低；④施工难度小	①绿化效果一般；②抗冲刷能力差；③后期管理养护要求高；④管理成本大
绿色混凝土护坡（B-6型）	B-6型	绿色混凝土护坡	对河道两岸为连续农田、空旷用地或无拆迁限制条件可以通过边坡筑堤防洪达标又有兼顾生态效应需求的河段	①耐久性好，抗冲刷能力强；②抗冻融性好；③固土护坡、净化水质、美化环境，保持水土、生态修复	①耐久性及抗冲刷能力较传统护坡弱；②后期管理养护要求高；③工程造价较大，管理成本高
预制混凝土护坡（B-7型）	B-7型	预制混凝土护坡	规划陆域用地有保障的各类行洪河道的护岸及堤防近水侧的保护	①场外预制，产品质量保证率高；②对周边环境污染少、工期短；③施工难度小，成效快；④抗冲性能好，耐久性好	①整体性差；②工程造价偏高

续表 3-1

护岸结构类型	型式	断面名称	适用条件	主要优点	主要缺点
铰链式护坡（B-8型）	B-8型	铰链式护坡	规划陆域用地有保障的各类行洪河道，对水流情况下的中小规模变形具有高度的适用性	①可水上整体吊装施工，施工速度快；②自重大、抗倾覆能力强，抗冲刷能力强	①对施工现场及进场通路要求较高；②造价相对较高
格宾网垫护坡（B-9型）	B-9型	格宾网垫护坡	河道防冲刷护坡、海堤防浪护坡以及河流、海洋或高污染地区，尤其适用于高渗透性地区或基础具不稳定性或变动性地区	①柔韧性好、透水性好、结构整体性强；②抗冲刷能力强，水土交换能力好，耐久性较好	①生态景观效果差；②造价相对较高③钢丝容易挂拉破损，降低使用年限
植生网垫护坡-水土保护毯（B-10型）	B-10型	植生网垫护坡-水土保护毯	道路工程排水渠的加筋、屋顶绿化、土工膜的固定层稳固土壤和植被。当交通压力较大导致植被严重退化时，可使用水土保护毯进行修复和预防	①施工快捷，效率高；②固土性能优良、消能作用明显、网络加筋突出、保温功能良好；③可有效地防止坡土被暴雨径流或水流冲刷破坏	①对施工现场及进场道路要求较高；②后期管理养护要求高；③管理成本大
植物混凝土护坡（B-11型）	B-11型	植物混凝土护坡	植物混凝土护坡适用于规划陆域用地有保障的各类行洪非通航河道	①耐久性较好、造价较低；②生态效果较好	①表层覆土易冲刷，预制块体容易被船行波吸出，因此不适宜通航河道；②抗冲刷能力弱
生态型组合式护坡（B-12型）	B-12型	生态型组合式护坡	对河道两岸为连续农田、空旷用地或无拆迁限制条件可以通过筑堤防洪达标又有兼顾生态效应需求的河段	①固土护坡，保持水土流失，耐久性好；②抗冲刷能力强；③生态环保，美观舒适；④有一定的河水自净能力	①对施工现场及进场道路要求较高；②后期管理养护要求高；③管理成本大

3.2　斜坡式护岸设计案例

3.2.1　植被护坡(B-1型)

植被生态护坡技术是利用植物固土、防止水土流失、绿化环境的功能,直接在稳定坡面上栽种树林、灌木、草皮等植物的一种护岸型式。

3.2.1.1　适用条件

植被护坡是通过人工在边坡坡面简单播撒草种的一种传统边坡植物防护措施。通常适用于河道规模较小,流速不大,边坡高度不高、坡度较缓且适宜草类生长的土质路堑和路堤边坡防护工程。

3.2.1.2　优点与缺点

主要利用植物地上部分形成堤防迎水面软覆盖,减少坡面的裸露面积以及外部力与坡面土壤的直接接触面积,起到消能防护的作用;利用植物根系与坡面土壤的结合(深根锚固和浅根加筋),改善土壤结构,增加坡面表层土壤团粒体,提高坡面表层的抗剪强度,有效提高迎水坡面的抗冲性,减少坡面土壤流失,从而保护岸坡稳定。通过采取植被措施不仅能改善河流廊道栖息地环境,而且还能提高河道岸坡的抗侵蚀能力和抗滑稳定性。施工简单,造价低廉,但其抗冲刷能力差,要求边坡安稳、坡面冲刷细微。

植被的抗侵蚀能力体现在以下三个方面:

(1)截流。地面植物落叶及残枝腐殖层可以吸收水流能量,减少表层土颗粒的流失。

(2)抑制。植物根系能够固结土壤颗粒,同时植被位于地表的部分可过滤地表径流中的泥沙。

(3)延缓。植物的茎、叶部分可增加岸坡糙率,降低土体表层水流速度和作用于土体颗粒的切应力。

由于草籽播撒不均匀,草籽易被雨水冲走,种草成活率低等原因,往往达不到满意的边坡防护效果,而造成坡面冲沟、表土流失等边坡病害,导致大量的边坡病害整治、修复工程,使得该技术近年应用较少。

3.2.1.3　断面特性

利用植物具有固土、防止水土流失、绿化环境的功能,直接在稳定坡面上栽种树林、灌木、草皮等植物。设计河底高程至岸顶均采用自然土坡,河道边坡不小于1:2,常水位以下20 cm处设平台,平台上种植挺水植物。堤顶陆域侧设置生态植草沟,用于拦截过滤地面径流,净化农田排水或初期雨水产生的面源污染。植被护坡设计断面如图3-1所示,植被护坡整治效果见图3-2。

3.2.1.4　设计要点

(1)需对边坡类型、边坡稳定性预先界定,土质边坡较岩质边坡更容易进行植被种植,但对贫瘠土坡应采用工程措施移植客土,岩质边坡则需采取在表面移植并固定客土。

(2)植物水文分区。根据植被物种属性,滨水区域可划分为4个部分:包括夏季枯水位至多年生植被生长下边界、多年生植被生长下边界至2年一遇洪水位、2年一遇洪水位

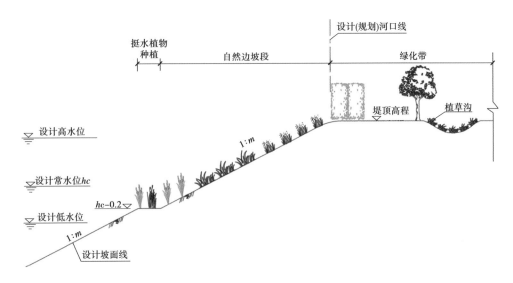

图 3-1　植被护坡设计断面

图 3-2　植被护坡整治效果

至 10 年一遇洪水位、10 年一遇洪水位以上部分。

（3）植被类型选择要求。必须适应现场的土壤、阳光和水分等基本要素。需充分考虑适合的气候、水文、海拔、土壤条件及其他限制因素,合理可用性的数量配置,预期的增长形式和大小,预期形成的植物多样性,预期为鱼类和野生动物提供如食物和栖息地的能力等。

（4）植物对河道岸坡的抗滑稳定性影响包括水文效应和力学效应两个方面。植被根系在坡土中起着类似土钉的作用。一般乔灌木植被的根系大都分布在 2 m 深的边坡面层内,有的草本植被发达,例如香根草的根系可以达到 2 m 以上的长度。坡面植被可以帮助边坡改善坡面以下 1.5 m 深的水文环境,一些乔木甚至可以影响到 5 m 深以下的坡土,这些影响有时产生的吸力超过 100 kPa。有时岸坡土体增加 10 ~ 15 kPa 的吸力就能防止浅层滑坡。

3.2.1.5　施工注意事项

根据设计植被合适选择种植时期:在河岸地区,洪水和湿地条件可能会阻碍或限制种植时期的选择,但恰当的种植时间是植被措施成功与否的重要保证。例如,播种法、根植法适宜春、秋季节实施,若夏季实施则往往需要喷灌养护;插条法适宜春、秋季节实施,冬季也可作为备选时期;裸根栽植仅在冬末或初春较适宜。

3.2.2　素混凝土护坡(B-2型)

3.2.2.1　适用条件

适用于岸后腹地较宽的河道,尤其广泛应用于风速大、吹程长的护坡河段。通常在水位变幅区设置硬质护砌,坡比不陡于1:2,坡面分块设置冒水孔。

3.2.2.2　优点与缺点

现浇混凝土护坡以其抗风浪能力强、外观整齐、防渗性好、施工简便、安全可靠、工效高、施工周期短、造价低等特点,在工程实践中已得到较为广泛的应用。但其需分仓浇筑、保养,施工控制要求较高,施工难度较大,适应沉降变形能力弱,局部塌陷后,不易发现,不利于及时维修养护,外加施工控制等多种因素,在实际运用过程中,护坡容易产生滑坡、裂缝、变形等一系列病险问题,给工程造成一定的安全隐患,处理不当可能影响工程的正常运行和效益发挥。

3.2.2.3　断面特性

河底高程-2.0 m,边坡1:2.5,高程2.4~4.5 m处设10 cm厚C20素混凝土护坡,坡面下设10 cm厚黄砂垫层及350 g/m²土工布一层,在高程2.40 m及高程4.50 m处各设1道30 cm×50 cm的纵向格埂,顺水流向每隔15 m设一道30 cm×50 cm的横向格埂。现浇混凝土护坡设计断面如图3-3所示,整治效果见图3-4。

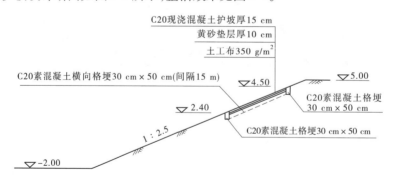

图3-3　现浇混凝土护坡设计断面

3.2.2.4　设计要点

(1)重视前期资料的收集分析。如护坡位于老河槽等回填区域,一方面回填土存在压缩变形;另一方面雨水浸泡、地下水渗透破坏等长期作用易引起基础不均匀沉降、细颗粒不断流失,最终导致局部护坡垮塌失效。建议设计时宜考虑采用合理的基础处理及排水措施。

图3-4 现浇混凝土护坡整治效果

(2)综合地下水、土体性状、总体布置等情况选取合理的反滤排水措施。对于地下水位较高段,建议采取"疏导为主,截渗为辅"原则,通过设置排水管、排水盲沟、排水管井、集水沟槽以及排水廊道等方式,并在出水口设置反滤。对于颗粒较细的土体,应严格按照反滤原则设计,从而有效地降低地下水对护坡的负面作用。

(3)护坡分块尺寸是影响工程质量的重要因素之一,分块过大,在地基不均匀沉降、温度应力、失水干缩等因素作用下,很有可能产生裂缝;分块过小,在北方冰推、冰拔占主导的地区,很有可能因块体质量过小而产生错位变形,另外还会增加施工缝的构造布置,加大施工难度,延长施工周期。本案例在设计时考虑为确保高程4.5 m以下素混凝土护坡整体外观效果,在混凝土浇筑养护3 d且混凝土强度达到设计强度的75%后,采用切割机具对区格内混凝土进行切割分块,切割深度5 cm,每个分块上设置冒水孔,孔内以瓜子片填实,冒水孔为钻机钻孔,割缝为切割机切割分缝。

3.2.3 浆砌片(块)石护坡(B-3型)

浆砌块石常用作路基工程中挡墙或是一些公路的护坡,是采用砂浆与毛石料砌筑的砌体结构,石料属不规则形状,短边厚度15 cm左右,有时也用块石,具体看毛石的形状尺寸,没有明确的划分界限,一般接近长方体的为片石,接近正方体为块石。

3.2.3.1 适用条件

规划陆域用地有保障的各类行洪河道,抗冲性能好、耐久性好。

3.2.3.2 优点与缺点

浆砌块石护坡为较早采用的一种护坡结构型式,厚度大、抗冲刷能力强、抗冻融性能较好、施工便利。此外,浆砌块石护坡可以节约用料成本,且美观大方,但由于砌石本身的不连续性,必然会使构成的防护坡体不稳定,在质量上没有混凝土防护坡的坚固性好,由于干砌石护坡受自然因素影响,或者是人为因素,如翻动石块、鼠类在护坡上打洞、一些植物如爬山虎在护坡上攀爬等,都会对砌石护坡施工的稳定性产生影响。目前受石料采购难度及人工技术水平制约,工程造价不具优势且施工质量较难控制,应用数量正逐渐减少。

3.2.3.3　断面特性

河底高程 −2.0 m,边坡1:2.5,高程2.4~4.5 m处设30 cm厚M10浆砌块石护坡,坡面下设10 cm厚黄砂垫层及350 g/m²土工布一层,在高程2.40 m及高程4.50 m处各设1道30 cm×50 cm的C20素混凝土纵向格埂,顺水流向每隔15 m设一道30 cm×50 cm的C20素混凝土横向格埂。浆砌块石护坡设计断面如图3-5所示,整治效果见图3-6。

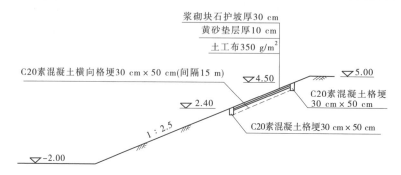

图 3-5　浆砌块石护坡设计断面

图 3-6　浆砌块石护坡整治效果

3.2.3.4　设计与施工注意事项

(1)施工工艺流程:施工前准备→测量放线→坡面修整→基础开挖→砂砾垫层铺设→基础、坡面浆砌→勾缝→砂垫层→铺设土工布→干砌片石。

(2)其他注意事项参见 A−4 型浆砌块石挡墙。

3.2.4　模袋混凝土护坡(B-4型)

模袋混凝土是通过用高压泵把混凝土或水泥砂浆灌入模袋中,混凝土或水泥砂浆的厚度通过袋内吊筋袋、吊筋绳(聚合物如尼龙等)的长度来控制,混凝土或水泥砂浆固结后形成具有一定强度的板状结构或其他状结构,能满足工程的需要。模袋混凝土护坡技术由于具有施工简单、效率高且可以直接在水上或水下进行施工,在国内外过去几十年的治水经验中已得到广泛应用,其主要作用是防风浪、抗冲刷。模袋混凝土护坡在国内堤防防护中的应用已有较大发展,作为当初的一种新技术、新工艺结构,不仅可以加快施工进度,减少施工期外界干扰,而且还可以减少护坡维修工程量且有利于日常管理,护坡外观整齐美观。

3.2.4.1　适用条件

土工模袋作为一种传统护坡技术,可广泛用于江、河、湖、海的堤坝护坡、护岸、港湾、码头等防护工程,一般适用于不具备干法施工条件,对抗冲能力和外观效果要求不高的情况。

3.2.4.2　优点与缺点

(1)土工模袋施工采用一次喷灌成型,施工简便、效率高。

(2)模袋织造纤维柔软性好,能适应各种复杂地形,特别在深水护岸、护底等处不需填筑围堰,可直接水下施工,机械化程度高,整体性强、稳定性好,耐久性好,使用寿命长。

(3)土工模袋具有一定的透水性,在混凝土或水泥砂浆灌入以后,多余的水分通过织物空隙渗出,可以迅速降低水灰比,加快混凝土的凝固速度,增加混凝土的抗压强度。

(4)加剧了城市热岛效应,生态效益差,河流自净能力大大降低。

(5)施工质量控制难度大,较易出现混凝土厚度偏差大,抛石面表石平整度差等缺陷。

3.2.4.3　设计要点

(1)模袋充填混凝土强度等级为C25,模袋为丙纶长丝机织模袋布,规格为500 g/m²。模袋顶部用C25混凝土锚固50 cm×30 cm,底部为压底模袋。

(2)设计时需明确模袋混凝土施工工艺流程(详见图3-7):模袋混凝土铺设前对边坡进行整理找平,其坡面不平整度应小于10 cm。在边坡整理过程中应严格要求按拉线进行操作,以保证坡的平整和顺直;边坡整理过后再根据设计要求进行土工布过滤层的铺设。

3.2.4.4　施工注意事项

(1)模袋在铺设时纵横向都应该留有一定的收缩量,纵向收缩较大,一般按模袋长度的3%考虑。

(2)模袋在铺展、压稳后,应拉紧上缘固定绳索,防止模袋下滑。

(3)针对有潮汐影响的施工区域,同时防止模袋暴晒,必须在模袋铺设后及时进行充灌。

(4)为了保证模袋充灌流畅,混凝土的要求较高,坍落度必须较大,一般在200 mm左右,根据不同的强度等级还需要进行现场试验施工确定。

(5)为保证模袋混凝土之间拼缝严密,新铺放的模袋与已充灌完成的模袋混凝土相

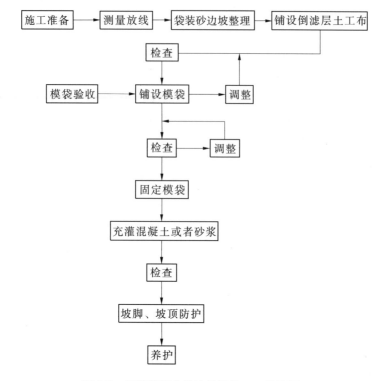

图 3-7　模袋混凝土护坡护坡施工工艺流程

邻之间应有不小于 30 cm 的搭接宽度,在确定的位置将模袋卷儿放置好后,即可人工缝制连接模袋。模袋混凝土护坡设计断面如图 3-8 所示,整治效果见图 3-9。

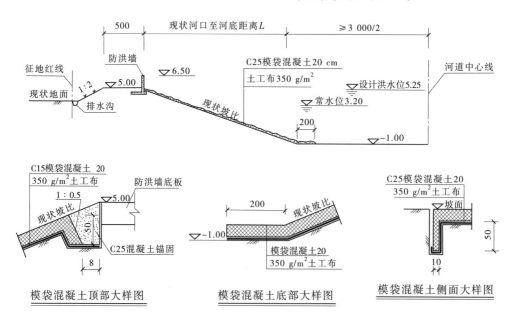

图 3-8　模袋混凝土护坡设计断面　(单位:cm)

图 3-9　模袋混凝土护坡整治效果

3.2.5　联锁块护坡(B-5型)

联锁块护坡,又称混凝土预制块护坡,采用混凝土预制块、反滤垫层、连接锁扣、锚固体等结构,由混凝土预制块单元相互连接成矩阵型,实现岸坡侵蚀防护作用。

3.2.5.1　适用条件

联锁块护坡具有一定的柔性特征,适用于山丘护坡、低速或中速水流条件下的渠道护坡或河床冲刷防护、排水沟护面、人行道、车道或船舶下水坡道的防滑路面、停车场植草砖、湖泊和水库岸坡等。对河道两岸为连续农田、空旷用地或无拆迁限制条件可以通过筑堤防洪达标又有兼顾生态效应需求的非通航河道,可以在水位变幅区考虑采用联锁块护坡断面型式。实用案例在新孟河延伸拓浚工程漕桥河南延段河道整治工程、新沟河延伸拓浚工程漕河—王牧河段河道整治太湖综合环境治理太浦闸段等。

3.2.5.2　优点与缺点

联锁块护坡砌块不需要砂浆等胶凝材料勾缝,反滤层采用滤水土工布替代了传统的砂、石料,保证坡面自由排水的同时,有效地防止土体外漏沉积而形成淤泥。不仅施工得到简化,结构复合创新,且施工中可不依赖机械设备,可降低工程造价和施工难度。砌块面可着多种颜色、用彩色砌块铺就的带明显警戒标识的联锁式护坡面使得水位警戒线一目了然,便于检查和观测。使用联锁式护坡建造或恢复的自然护岸仍可生长草本植物,可有效控制底泥营养盐的释放,吸收水体中过剩的营养物质,抑制浮游藻类的生长,植被根系深入土层对坡面也起到一定的加固保护作用。混凝土内添加灭螺木质纤维,可有效集中钉螺和孔洞中生长的杀螺植物,集中杀灭吸血虫。开孔内生长的植物作为过滤屏障,对防止岸坡顶的水土流失、垃圾及有害水体在地表径流作用下直接进入河道、溪沟,起到一定的阻碍与净化作用,减少对河水的污染。但其抗冲刷能力相对较差,绿化效果一般且适应不均匀沉降能力较大,后期管理养护要求高,成本大。

3.2.5.3　断面特性

河底高程 -2.0 m,边坡 1:2.5,高程 2.4~4.5 m 处设 10 cm 厚 C25 彩色联锁块护坡,

坡面下设 10 cm 碎石垫层及 350 g/m² 土工布一层,在高程 2.40 m 及高程 4.50 m 处各设 1 道 30 cm×50 cm 的 C20 素混凝土纵向格埝,顺水流向每隔 15 m 设一道 30 cm×50 cm 的 C20 素混凝土横向格埝。高程 5.0 m 处设置 2 m 宽平台,以 1:2 坡接至设计堤顶高程 6.5 m,堤顶道路宽 5 m,以 1:2 坡接至现状地面。联锁块护坡(B-5 型)设计断面如图 3-10 所示,整治效果见图 3-11。联锁块护坡(B-5 型)边坡稳定计算成果见表 3-2。

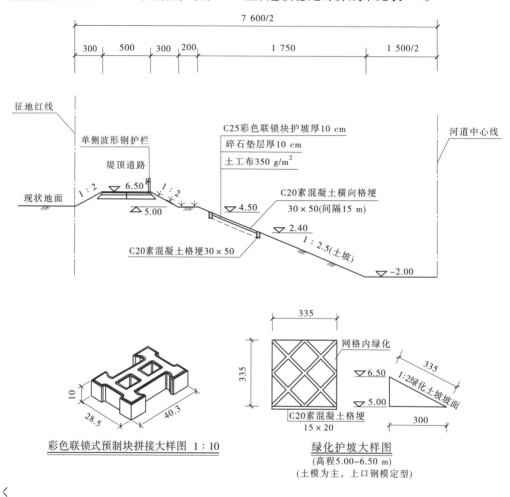

图 3-10　联锁块护坡(B-5 型)设计断面　(单位:cm)

表 3-2　联锁块护坡(B-5 型)边坡稳定计算成果

工况	水位组合		最小安全系数 K_{min}	$[K_{min}]$
	堤前(m)	堤后(m)		
运行期 1	2.50	5.00	1.20	1.20
运行期 2	3.80	6.50	1.26	1.20
长降雨期	3.80	堤身饱和	1.17	1.05
地震期	3.80	6.50	1.10	1.05

图 3-11　联锁块护坡整治效果

3.2.5.4　设计要点

（1）混凝土预制块护面措施，堤防或边坡首先需满足整体边坡稳定的要求，不满足规范要求的需采用抗滑措施。一般可选择采用水泥搅拌桩处理，通过对一定范围内土体进行加固，提高土体的抗剪强度指标以满足整体抗滑稳定要求。

（2）预制块失效主要表现为预制块单体或一组预制块沿下游预制块的接触点破坏。预制块单体稳定性与水流流速、剪切应力、水深、坡比、河床比降，以及预制块重量、固嵌力大小等因素有关。砌块单体的稳定系数取 1.5～2.0。

（3）过渡层对于混凝土预制块的防护方式尤为重要，应根据反滤和渗透要求选用合适的级配砾石料或土工布材料。

（4）预制块护面基面应为原状土或适当压实填补的表层基础，其上铺设垫层，确保土工布与基面基础良好，另需确保预制块与土工布紧密接触。

（5）预制块孔隙内设计可采用素土回填后种植具有净化功能的生态水草兼顾生态效应，也可采用无砂混凝土填充，透水性能好，又能保证坡面平整。

（6）堤顶道路临水侧需增设单侧波形钢护栏。

3.2.5.5　施工注意事项

（1）应严格按照设计明确的施工方法有组织有纪律地施工，不得擅自调整原施工方法，施工单位的专项施工方案必须报监理审批。

（2）施工前应先对坡面杂草等障碍物进行清除，并先铺一层土工布后采用砂石混合垫层进行坡面找平处理后再铺预制块，坡脚处土工布铺设时应压入平台处格埂底部以避免土体颗粒被带出。

（3）预制块在运输装卸过程中搬运人员需动作轻柔。运输装车，预制块应该立着放置以减少对预制块的损坏率。卸货时注意将预制块放于平整地面，且高度不超过 1 m。

（4）铺设预制块时可用木板进行输送，用滑动的方式把护砖从上方运移至下方以提高铺设效率。

（5）混凝土护坡面层与格埂应采用聚乙烯底发泡板隔缝。

3.2.6　绿化混凝土护坡(B-6型)

绿化生态混凝土护坡是以水泥、单粒级碎石、掺和料等为原料,制备出满足 25% ~ 30% 孔隙率和强度要求的无砂大孔隙混凝土;用复合盐碱改性营养材料进行处理后,在面层种植植物,植物在混凝土孔隙内发芽和生长。该类型护坡表面可植草绿化,绿化率可达到 95% 以上,同时可有效地抗击风浪,减少环境负荷,生态绿化效果好。

生态型绿化混凝土是一种采用随机结构无砂混凝土作为植物生长基体,并在孔隙内充填植物生长所需的物质。生态型绿化混凝土分为浇筑式绿化混凝土和复合多孔型绿化混凝土两类。复合多孔型绿化混凝土主要特点是:周边采用高强度混凝土保护边框,中间填筑无砂混凝土成型,解决了无砂混凝土生长基的构件化问题;采用普通硅酸盐水泥,打破了日本有关机构提出的应采用低碱性高炉 B、C 型水泥的局限;可利用废砖石作为长效肥载体,以缓慢分解、转化氨基酸方式获得缓释肥。

3.2.6.1　适用条件

适用于对河道两岸为连续农田、空旷用地或无拆迁制约条件可通过边坡筑堤防洪达标又兼顾生态效应需求的河段。实用案例为东上澳塘河道整治工程。

3.2.6.2　优点与缺点

绿化混凝土具有固土护坡、保持水土、生态修复、美化景观等主要功能,此外还具有抗冲刷力强、抗冻融性好等优势,使绿色植物和水中生物能在其中正常生长。植草后的绿化混凝土护坡能起到固土护坡的作用,具有较好的抗冲性能,覆草对水流的缓冲作用同样起到降低流速、增强落淤、净化水质、美化环境、改善生态的效果。但其耐久性较传统护坡弱,后期管理养护要求高,工程造价较大,管理成本颇高。

3.2.6.3　断面特性

在设计低水位处设置 30 cm×60 cm 的 C25 素混凝土格埂,格埂底板采用 C30 的 25 cm×25 cm 钢筋混凝土预制方桩,方桩内嵌入格埂 5 cm,桩长 6~8 m(确保入好土深度不小于 50 cm),在水位变幅区设置绿化混凝土护坡,坡比缓于 1:2.5,下设 250 g/m² 土工布一层,坡上种植白花三叶草与堤顶草本植物衔接,水生植物区种植挺水耐淹植物千屈菜、香蒲等。绿化混凝土护坡设计断面如图 3-12 所示,整治效果见图 3-13。

3.2.6.4　设计要点

边坡应按设计要求修整成型,贴坡段回填土方后基础强度需满足设计要求,避免坡面发生过大的不均匀沉降,必要时采用固坡措施。

3.2.6.5　施工注意事项

(1)土工布铺设时采用 U 形钉将土工布与边坡固定避免产生滑移,相邻搭接宽度 b >20 cm。

(2)按施工配合比,采用专用的绿化混凝土添加剂,现场搅拌绿化混凝土。搅拌好的绿化混凝土应表面发亮、浆体均匀,不可出现流态浆体。搅拌完成后,进行绿化混凝土浇筑,浇筑生态混凝土无须振捣,但需分两层浇筑,浇筑厚度一般为 80~150 mm。建议由具有 3 年以上施工经验的施工队伍负责施工。

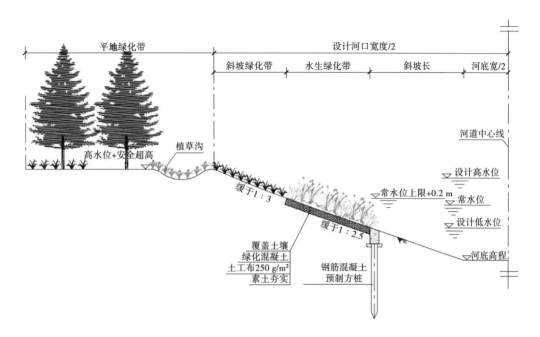

图 3-12　绿化混凝土护坡设计断面

图 3-13　绿化混凝土护坡整治效果

3.2.7　预制混凝土护坡(B-7 型)

3.2.7.1　适用条件

　　预制混凝土护坡(B-7 型)主要适用于规划陆域用地有保障的各类行洪河道的护岸及堤防迎水侧的保护。

3.2.7.2　优点与缺点

　　抗冲性能好,能适应地基的变形,耐久性好;场外预制,产品质量保证率高;对周边环境污染少、工期短;施工难度小,成效快。但其整体性较差,造价偏高。

3.2.7.3　断面特性

河底高程 − 2.0 m,边坡 1∶2.5,高程 2.4 ~ 4.5 m 处设 15 cm 厚预制混凝土护坡,坡面下设 10 cm 厚碎石垫层及 350 g/m² 土工布一层,在高程 2.40 m 及高程 4.50 m 处各设 1 道 30 cm × 50 cm 的 C20 素混凝土纵向格埂,顺水流向每隔 15 m 设一道 30 cm × 50 cm 的 C20 素混凝土横向格埂。预制混凝土护坡设计断面如图 3-14 所示,整治效果见图 3-15。

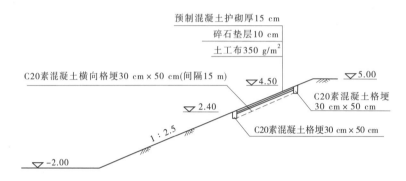

图 3-14　预制混凝土护坡设计断面

图 3-15　预制混凝土护坡整治效果

3.2.7.4　设计要点

(1)预制混凝土护坡设计时应考虑冒水孔。

(2)坡面表层浮土、植物根茎或路面碎石等杂物须全部清除,清基后的基面需进行台阶式捣毛,以利新老土体断面的结合。

3.2.7.5　施工注意事项

(1)预制块强度等级 C25,格埂混凝土强度等级为 C20。

(2)混凝土预制块在浇筑完成后 12 ~ 18 h 进行湿草袋覆盖养护,在混凝土强度达到 2.5 MPa 以上,确保拆模不损坏预制块表面及边角时可拆模,拆模后集中堆放,养护不低于 14 d。

（3）混凝土预制块必须有足够的强度,防撞击,允许偏差及强度符合设计要求,外观质量不得有蜂窝麻面、露石、脱皮、裂缝等不良现象。

（4）长、宽、高尺寸误差不大于 ±5 mm,缺边掉角每块不得多于 1 处,且不大于 20 mm。

（5）外露面平整度不大于 3 mm。

3.2.8　铰链式护坡(B-8 型)

铰链式护坡是一种由缆索穿孔连接的联锁型护坡土壤侵蚀控制系统。铰接式护坡设计思想类似于传统的铰接沉排,并在此基础上发展而成。该系统是由一组尺寸、形状和重量一致的混凝土块体用若干根缆索相互联接在一起而形成的联锁矩阵。铰接式护坡的主要组成部分包括土工布、铰接式护坡块、线缆。铰接式护坡砖有中间开孔式和中间封闭式两种。

3.2.8.1　适用条件

铰链式护坡适用于规划陆域用地有保障的各类行洪河道,抗冲性能好、耐久性好。对水流情况下的中小规模变形具有高度的适用性。

3.2.8.2　优点与缺点

可以水上整体吊装施工,施工速度快,整体式柔性铺垫自重大、抗倾覆能力强,抗冲刷能力强,高速水流以及其他恶劣环境下能够保持铺面的完整性,有效提高边坡的抗水流侵蚀能力。可利用机械整体式安装大大提高施工效率和安装精度,节省人力,降低劳动强度。但铰链式护坡对施工现场及进场道路要求较高,而且造价较高,应用相对较少。铰链式护坡整治效果见图 3-16。

图 3-16　铰链式护坡整治效果

3.2.9　格宾网垫护坡(B-9 型)

3.2.9.1　适用条件

格宾网垫护坡,又称金属丝石笼网垫护坡,是向经过防腐的金属丝网垫中填充石块形成柔性的、透水的、整体的一种防护结构。适用于河道防冲刷护坡、海堤防浪护坡以及河流、海洋或高污染地区,也可应用于各种不同地质灾害治理,尤其适用于高渗透性地区(如地下水位高或地滑潜在区)或基础具不稳定性或变动性(如河床基础)地区。实用案例在 312 国道苏州段、苏州市西塘河护岸工程、太仓市浏家港长江顺堤河道工程、新孟河延伸拓浚等工程中广泛应用,效果良好。

3.2.9.2　优点与缺点

格宾网垫护坡具有抗冲刷能力强、水土交换能力好、耐久性较好等优点,同时它的结构能进行自身适应性的微调,不会因不均匀沉陷而产生沉陷缝等,结构整体性好。既可防止河岸遭水流、风浪侵袭而破坏,又保持了水体与坡下土体间的自然对流交换功能,实现了生态平衡。但是该护坡绿化效果相对较差,宾格网采用的钢丝容易挂拉造成整个护坡的破坏,影响使用年限。

3.2.9.3　断面特性

格宾网垫护坡厚 30 cm,网垫型号为 4.75 m×2 m×0.3 m,下铺 350 g/m² 土工布一层,内插隔片。在高程 2.40 m 处设 4 m×0.5 m×0.5 m 纵向网箱护脚,沿河道方向,每隔 15 m 设一道 50 cm×50 cm 的横向网箱护脚。格宾网垫护坡设计断面如图 3-17 所示,整治效果见图 3-18。

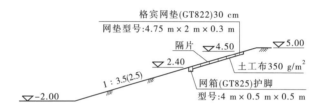

图 3-17　格宾网垫护坡设计断面

图 3-18　格宾网垫护坡整治效果

3.2.9.4　设计要点

(1)格宾网规格为 351 cm×25 cm,均以 5 m 为一个 单元块。

(2)铝锌合金钢丝笼网箱与横向格梗孔隙采用碎石填充。

(3)网箱/网垫编制方法需满足《工程用机编钢丝网及组合体》(YB/T 4190—2009)

中相关要求：

①GT825 网箱网孔尺寸为 8 cm × 10 cm，网片网丝直径为 2.5 mm，网片边丝直径为 3.2 mm；

②扎丝：丝径直径为 2.2 mm；绑扎间距为 200 ~ 250 mm。

（4）网箱/网垫采用热镀 10% 铝锌合金钢丝，镀层重量需要达到以下要求：

①钢丝直径（2.2 mm），镀层重量（≥350 g/m²），镀层铝含量（≥10%）；

②钢丝直径（2.5 mm），镀层重量（≥450 g/m²），镀层铝含量（≥10%）；

③钢丝直径（3.15 mm），镀层重量（≥500 g/m²），镀层铝含量（≥10%）。

（5）钢丝力学性能：钢丝的抗拉强度 350 ~ 500 MPa，伸长率≥10%。

（6）填充料必须采用坚实密实、耐风化好的石料。填充石料的粒径，网垫应控制 8 ~ 30 cm 粒径的达到 85% 以上，并用较小粒径的碎石填充孔隙，孔隙率应小于 30%。

（7）应挑选较为平整的外露面块石，朝外放置，块石尺寸不宜小于 12 cm。

3.2.10　植生网垫（毯）护坡 – 水土保护毯（B – 10 型）

植生网垫（毯）护坡采用网垫（毯）并在孔隙中填加土料和草种，植草穿过网垫生长后，其根系深入土中，植物、网垫、根系与土合为一体，形成牢固密贴于坡面的表皮，形成护坡结构。网垫（毯）类似于丝瓜瓤状的土工网垫，主要由尼龙丝加工制成，丝与丝间相互缠绕，质蓬松，孔隙率在 90% 以上。目前应用较多的植生网垫主要为生态水土保护毯。

3.2.10.1　适用条件

植生网垫护坡 – 水土保护毯（B – 10 型）主要适用于道路工程排水渠的加筋、屋顶绿化、土工膜的固定层稳固土壤和植被。当交通压力较大导致植被严重退化时，可使用水土保护毯进行修复和预防。如体育场草坪、足球场、高尔夫球场、休闲绿地、绿化行车通道、行人道路、公园停车场、公园湖泊边岸、垃圾填埋场底盖等环境中。

3.2.10.2　优点与缺点

生态水土保护毯在草皮形成之前土壤握持率高达 98% 以上；抗水流冲刷能力强，该系列产品能够抵御 3 ~ 7 m/s 的流水冲刷，保护坡、岸及河道的稳定，防止水土流失；水土保持毯在阳光下能保持温度，即使低温施工也能确保种子发芽；耐酸碱腐蚀，无毒无污染，耐腐蚀的惰性环保材料，可用于水源工程；三维开孔结构，孔隙率达 95%，土壤在其中可确保稳定与整体性，同时为种子发芽创造适宜的微型环境。这种结构可为植物根系提供加筋作用。网垫凹凸起伏的形状可以促使水流形成细小漩涡，达到水利消能的效果，为边坡提供整体稳定的保护环境。总之，该种护坡具有固土性能优良、消能作用明显、网络加筋突出、保温功能良好的特点，可有效地防止坡土被暴雨径流或水流冲刷破坏。但对施工现场要求相对较高，后期管理养护要求高、管理成本大。

3.2.10.3　设计要点

河底至常水位以下 20 cm 为自然土坡，坡比控制大于 1:2，常水位以下 20 cm 处设平台，平台上种植挺水耐淹植物。平台至设计高水位处采用水土保护毯进行保护，并在坡面上种植水生植物。堤顶陆域侧设置生态截渗槽，用于拦截过滤地面径流，净化由于农田排水或初期雨水产生的面源污染。本结构实用案例在某市河道整治工程中应用，水土保护毯上种植草皮,生态效果良好。

　　水土保护毯应采购正规合格产品,根据设计要求选购不同类型,网垫搭接宽度约 10 cm,并在搭接缝上设固定连接钉,网垫其余部位也应设置固定连接钉;网垫铺设完成后应在表面撒布一定厚度的土料,便于植被生长。水土保护毯设计断面如图 3-19 所示。

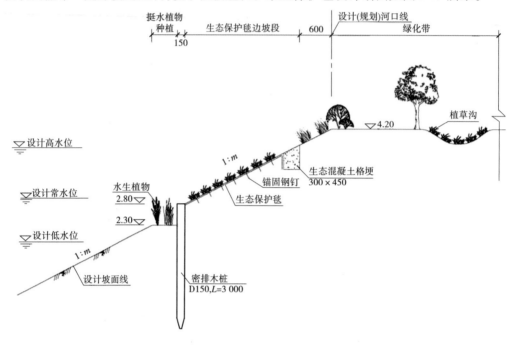

图 3-19　水土保护毯设计断面

3.2.11　植物混凝土护坡(B-11 型)

3.2.11.1　适用条件

　　植物混凝土护坡(B-11 型)适用于规划陆域用地有保障的各类行洪非通航河道。自 21 世纪初就先后在漕桥河、无锡市城市河道整治、南京市水库、丹阳市九曲河工程、走马塘拓浚延伸工程、盐城利民河整治工程等多项水利工程中广泛应用。

3.2.11.2　优点与缺点

　　耐久性较好、造价较低。经过多年实践,已开发出第三代缓坡植物混凝土,更具有储水、储肥功能,绿化成活率高达 90%以上,生态效果较好。其次外观光滑平整密实,单体和整体混凝土结构强度高,有一定的抗冲能力。中间钻形孔进一步增强了混凝土与坡石的结合力,护坡固堤作用更强。但考虑到通航要求,表层覆土容易冲刷,预制块体容易被船行波吸出,因此不适宜通航河道。

3.2.11.3　断面特性

　　常水位以下浆砌块石护坡厚度 30 cm,下设 10 cm 瓜子片垫层及 350 g/m² 土工布,在高程 2.0 m 处设 40 cm×60 cm 的纵向格埂一道;常水位以上采用植物混凝土护坡,护坡厚度 12 cm,其下铺设 350 g/m² 土工布,在高程 5.0 m、常水位 3.2 m 和现状地面(青坎)处设 4 道 30 cm×50 cm 的 C25 素混凝土纵向格埂。沿河道方向,每隔 15 m 设一道 30 cm×50 cm 的 C25 素混凝土横向格埂。植物混凝土护坡设计断面如图 3-20 所示,整治效果见图 3-21。

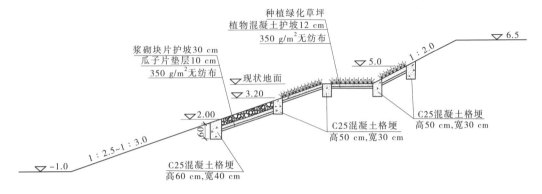

图 3-20　植物混凝土护坡设计断面

图 3-21　植物混凝土护坡整治效果

3.2.12　生态型组合式护坡(B－12 型)

3.2.12.1　适用条件

对河道两岸为连续农田、空旷用地或无拆迁限制条件可以通过筑堤防洪达标又有兼顾生态效应需求的河段,可以采用生态型组合坡式护岸断面型式。该断面型式在新沟河延伸拓浚工程东支漕河、南直湖港等河道整治工程中广泛应用,效果良好。

3.2.12.2　优点与缺点

该种组合型式主要考虑在水位变幅区设置现浇素混凝土护坡,以增加抗冲刷能力及坡面耐久性,起到固土护坡,保持水土流失,变幅区以上兼顾考虑生态美观效应设置联锁预制块护坡,以增强坡面整体效果,柔化视觉生硬度,但联锁块护坡对后期的管理养护要求比较高,相比素混凝土护坡管理成本高,对施工现场及进场道路要求较高。

3.2.12.3　断面特性

河底高程 −1.0 m,边坡 1:3,在高程 2.0 m 处设置 1 m 宽平台,高程 1.8 ~ 4.5 m 处设 15 cm 厚 C25 素混凝土护坡,坡面下设 10 cm 厚碎石垫层及 350 g/m² 土工布一层,高程 4.5 m 处设 2 m 宽平台,以 1:2 坡接到高程 5.5 m,高程 4.50 m 平台及以上坡面设 10 cm 厚联锁块护面,护面下设 10 cm 厚碎石垫层及 350 g/m² 土工布一层,高程 5.5 m 以上设小挡墙至高程 6.2 m,另增设 30 cm 高防撞路牙。高程 1.80 m 及 2.00 m、4.50 m 处分别设 40 cm × 60 cm 及 30 cm × 50 cm 的纵向 C20 素混凝土格埂,每隔 15 m 设 30 cm × 50 cm 的横向 C20 素混凝土格埂一道。堤顶路宽分别为 6 m,再以边坡 1:2 接至现状地面。生态型组合式护坡设计断面如图 3-22 所示,实施照片见图 3-23、图 3-24,边坡稳定计算成果见表 3-3。

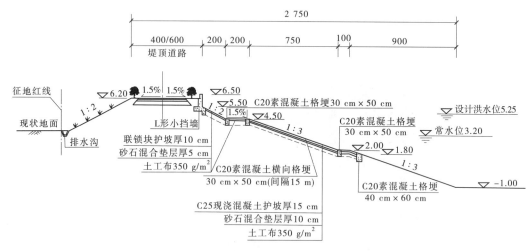

图 3-22　生态型组合式护坡设计断面

图 3-23　生态型组合式护坡实施照片(支模)

3.2.12.4　设计要点

(1)坡面需进行找平设计后再铺设联锁块护坡,对贴坡处理应明确处理原则并补充

图 3-24　生态型组合式护坡实施照片(分仓浇筑)

设计大样图。

(2)护砖孔隙内设计可采用素土回填后种植具有净化功能的生态水草兼顾生态效应,也可采用无砂混凝土填充,透水性能好,又能保证坡面平整。

(3)其他设计要点参见 B-2 型及 B-5 型。

表 3-3　生态型组合式护坡(B-12 型)边坡稳定计算成果

工况	水位组合		最小安全系数 K_{min}	$[K_{min}]$
	堤前(m)	堤后(m)		
运行期 1	2.50	5.00	1.20	1.20
运行期 2	3.80	6.50	1.26	1.20
长降雨期	3.80	堤身饱和	1.17	1.05
地震期	3.80	6.50	1.10	1.05

3.2.12.5　施工注意事项

参见 B-5 型。

第4章　桩式护岸结构

4.1　桩式护岸(C类)分类

桩式护岸是指直接利用桩基作为护岸,兼顾挡土和防护功能的一种护岸型式,通常不需要大开挖,相比较墙式护岸和坡式护岸造价偏高,但占地最小,随着地方经济的发展以及土地资源的限制,桩式护岸在工程中的应用范围越来越广。

桩式护岸通常可分为现浇型桩式护岸、预制型桩式护岸和复合型桩式护岸。其中,现浇型桩式护岸常见型式的灌注桩式护岸、T型地连墙直立支护式护岸,预制型桩式护岸常见型式有U型预应力板桩护岸、H型预应力板桩护岸、预制桩板式组合护岸(单排、双排)、预应力桩板组合生态护岸,复合型桩式护岸护岸常见型式有囊式扩大头锚拉钢板桩护岸、高压旋喷锚拉钢板桩护岸。

板桩式护岸主要特征见表4-1。

表4-1　板桩式护岸主要特征表

护岸结构类型	型式	断面名称	适用条件	主要优点	主要缺点
钻孔灌注桩式护岸(C-1型)	C-1型	钻孔灌注桩护岸	对现状堤顶有市政道路、施工期不能断行或者临河为企业、生活广场或居民建筑物群楼等地质地貌条件复杂、持力层埋藏深、地下水位高等不具备条件大开挖河段	①机械化作业,施工简单; ②钢筋笼、混凝土可集中加工、配送,也可以现场加工,作业方便; ③施工速度快,工艺成熟,安全可靠; ④场地占用少,相邻施工干扰小	①隐蔽工程,质量控制难度大; ②可能会产生大量的泥浆垃圾,处理难度大,对环保要求高; ③对现场道路的通行标准有要求
U形预应力板桩(C-2型)	C-2型	U形预应力板桩	各类路基的护坡挡土、河道护岸的整治和加固、桥梁涵洞的护坡挡土及承重、城市建筑的基坑围护及作为永久性的剪力结构、港口码头护岸、塌方等地质灾害治理、河道堤坝抢险等工程建设领域	①耐久性能好,综合造价低; ②现场作业周期短,时效快,适应性好; ③截面力学性能好,止水效果好; ④工程使用年限长,安全可靠	①工艺要求较高; ②施工设备相对复杂; ③采用锤击法施工时振动与噪声大,对周边环境有一定的影响
H形预应力板桩(C-3型)	C-3型	H形预应力板桩	河道沿线因征迁等因素制约,或现状挡墙损毁严重,但墙后房屋密集、距河口较近,无法大开挖新建直立挡墙或老挡墙加固的河段	①抗弯性能优异、防撞性能好,一般用于航道; ②在桩与桩拼接形成的孔洞内灌入混凝土,可以有效达到防水目的; ③有效控制施工工期,节约施工成本,减少现场作业量及用工量	①采用锤击方法,振动与噪声大,同时沉桩过程中挤土效应较为严重,在城市工程中受到一定限制; ②成型效果一般

续表 4-1

护岸结构类型	型式	断面名称	适用条件	主要优点	主要缺点
预制桩板组合护岸（单排桩）（C-4型）	C-4型	预制桩板组合护岸（单排桩）	后侧有道路房屋等无法进行大开挖，且现有堤防已基本达到防洪高程，作为直立式护岸进行防护	①工艺简单，现场可预制，生产成本低；②施工便利、时效快；③桩身结构承载力可调幅度大	①现场预制成桩精度有限，成桩线型不够美观；②侧向刚度小，桩身水平位移较大。挡土高度有限；③抗弯、抗渗性能差
预制桩板组合护岸（双排桩）（C-5型）	C-5型	预制桩板组合护岸（双排桩）	同单排桩，特别针对土质较差的河段	①侧向刚度大，水平位移小；②能有效约束基坑变形，减小桩内力；③抗弯性能好	①现场预制成桩精度有限，成桩线型不够美观；②需要操作空间较大；③计算方法不够成熟
预应力桩板组合生态护岸（C-6）	C-6型	预应力桩板组合生态护岸	因征迁等因素制约不具备条件大开挖，防洪尚未达标又具有生态影响需求的河段	①生产效率高，能多方向定位，弱化挤土效应、提高容错度，工厂化预制，精度、质量有保障，施工简单，施工速度快；②造价经济，生态环保；③景观效果好；④施工工期短	①抗弯、抗渗性能差；②侧向刚度小，桩身水平位移较大
钢板桩+土锚护岸（C-7）	C-7-a型	钢板桩+囊式锚拉护岸	紧邻道路，房屋密集等对施工震动较为敏感的区域。地基土质较差淤泥土层较厚，施工场地较为局促的区域，挡土高度常在6~9 m	①受力体系好，结构经济；②对周边环境影响最小；③强度较高，锁口严，墙后土不会流失等；④对软土地基适应性较好	施工难度大、工艺复杂、景观效果差、钢板桩防腐要求高
	C-7-b型	钢板桩+高压旋喷锚拉护岸			
T形地连墙直立支护式护岸（C-8）	C-8型	T形地连墙直立支护式护岸	水利、水运以及建筑、市政城市地下空间等行业领域的永临结合或永久性的软土地基的地下高支挡防渗支护工程、地下空间构建、河道高岸坡整治、靠船码头或通航建筑物的闸室及其导航墙、深基坑高支挡防渗墙和高支挡护岸等众多工程领域	①可避免河道拓浚、挡墙开挖对征迁的影响；②抗渗性能好；③抗弯能力强，结构整体性好；④可将征迁费转移为工程费，既节约土地和造价，又避免征迁矛盾	①施工难度大；②工程造价高；③景观效果差

4.2 桩式护岸设计案例

4.2.1 钻孔灌注桩式护岸(C-1型)

灌注桩是指在工程现场通过机械钻孔、钢管挤土或人力挖掘等手段在地基土中形成桩孔,并在其内放置钢筋笼、灌注混凝土而做成的桩。依照成孔方法不同,灌注桩又可分为沉管灌注桩、钻孔灌注桩和挖孔灌注桩等几种类型。

4.2.1.1 适用条件

钻孔灌注桩护岸是排桩式中应用最多的一种,在我国得到广泛的应用,大多用于坑深7~15 m的基坑工程。通常适用于对现状堤顶有市政道路、施工期不能断行或者临河为企业、生活广场或居民建筑物群楼等地质地貌条件复杂、持力层埋藏深、地下水位高等不具备条件大开挖河段。泥浆护壁钻孔灌注桩适用于地下水位以下的黏性土、粉土、砂土、填土、碎石土及风化岩层。该种结构型式已在新沟河延伸拓浚、新孟河延伸拓浚、京杭大运河(苏州段)堤防加固、七浦塘拓浚整治、丁塘港整治等工程中广泛应用,效果良好。

4.2.1.2 优点与缺点

钻孔灌注桩是桩基础施工中常见的一种施工形式,利用钻孔灌注桩进行施工具有施工速度快、工艺成熟、适应性强、成本适中、施工简便、场地占用少、相邻施工干扰小、承载能力大等优点,在水利工程、建筑工程、市政桥梁工程施工中应用较为广泛。但灌注桩隐蔽工程施工中若上层有软弱土层的存在,容易引起塌孔及缩颈现象,质量控制难度大,而且施工过程中可能会产生大量的泥浆垃圾,处理难度大,对环保要求高。另外,施工过程中对现场道路的通行标准有一定的要求。由于其施工技术要求高、混凝土、钢筋用量大,其造价相对较高。

4.2.1.3 断面特性

设计河底高程-2.0 m,边坡1:2.5,高程2.4 m处设2.0 m宽平台,平台后设置$\phi 100$@150钢筋混凝土灌注桩,桩长18 m。为保证桩间土体稳定,在临土侧各桩之间采用7.5 m长水泥搅拌桩,桩底进入河底不小于1 m。桩顶设高1 m、宽1.2 m的钢筋混凝土帽梁,帽梁顶部增设挡浪墙至防洪高程6.50 m。钻孔灌注桩设计断面如图4-1所示,实施照片见图4-2。

4.2.1.4 灌注桩护岸计算

1.计算假定及边界条件

在灌注桩计算分析中假设各土层土质均匀,土体是具有水平表面的半无限体,并且根据实际地形考虑超载。

2.计算允许值

灌注桩混凝土结构进行承载能力极限状态设计和正常使用极限状态验算。

3.计算简图

C-1型灌注桩式护岸以承担桩体后土压力、水压力等水平力为主。计算模型取每延米为计算宽度进行计算。灌注桩受力示意图见图4-3。

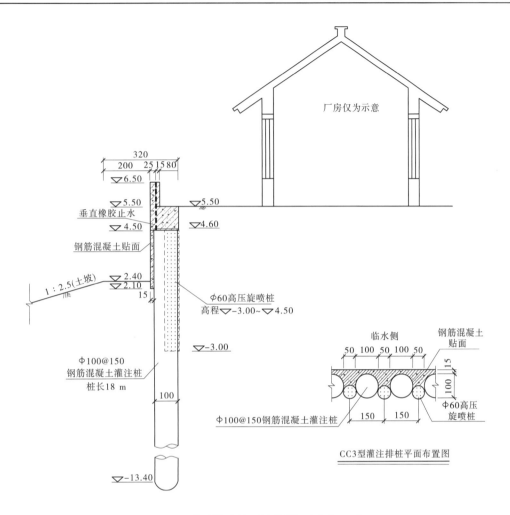

图 4-1　钻孔灌注桩设计断面　（单位:cm）

图 4-2　钻孔灌注桩实施照片

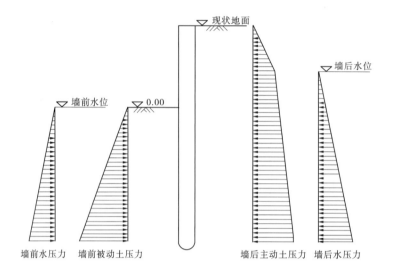

图 4-3　灌注桩受力示意图

4.计算方法

悬臂桩计算分为两部分。首先通过桩身自身稳定计算确定桩长,然后通过桩体结构计算确定桩身入土点位移,使得桩身截面在假定的边界条件下满足规范中规定的入土点位移要求。

1)入土深度计算

根据《水工挡土墙设计规范》(SL 379—2007)中 B.0.2 公式计算桩长。

$$t = t_0 + \Delta t$$

$$\Delta t = \frac{E'_p}{2\gamma t_0(k_p - k_a)}$$

式中:t 为墙体入土深度,m;t_0 为墙体入土点至理论转动点 N 的深度,m;Δt 为 N 点以下的墙体深度,m;E'_p 为主动土和被动土压力作用下对 N 点以上墙体求矩至 N 点合力矩为零时的合力,kN/m;γ 为土的天然重度,kN/m³。

灌注桩护岸受力计算简图见图 4-4。

根据《建筑地基基础设计规范》(GB 50007—2011)附录 V 的有关规定,进行悬臂桩倾覆稳定验算。在土压力、外水压力共同作用下,绕地面以下 O 点转动,主动区倾覆作用力矩总和比被动区倾覆作用力矩总和应大于规范要求的安全系数,即 $K_t \geqslant 1.30$,得出桩长。

根据以上两种计算方法分别求出桩长 L_1、L_2,比较并取两者最大值作为最终计算桩长。

2)灌注桩桩顶位移计算

按照《建筑桩基技术规范》(JGJ 94—2008)计算。灌注桩入土点最大位移为 10 mm,根据试算,得出一桩径使入土点最大位移≤10 mm。

3)灌注桩结构内力计算

(1)灌注桩内力计算。

按照悬臂排桩计算,灌注桩最大弯矩位于剪力为零点,最大剪力位于桩前后土体压强相等的点,通过试算可算出灌注桩剪力为零的高程,进而求得最大弯矩;试算主、被动土压强相等点的高程,进而求得最大剪力。

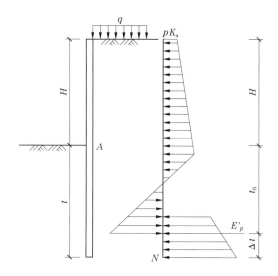

图 4-4　灌注桩护岸受力计算简图

（2）灌注桩配筋计算公式。

正截面受弯承载力计算

$$KN \le \alpha f_c A\left(1 - \frac{\sin 2\pi\alpha}{2\pi\alpha}\right) + (\alpha - \alpha_t)f_y A_s$$

$$KN\eta e_0 \le \frac{2}{3}f_c Ar \frac{\sin^3 \pi\alpha}{\pi} + f_y A_s r_s \frac{\sin\pi\alpha + \sin\pi\alpha_t}{\pi}$$

$$\alpha_t = 1.25 - 2\alpha$$

式中：A 为圆形截面面积，mm；A_s 为全部纵向钢筋的截面面积，mm^2；r 为圆形截面的半径，mm；α 为对应于受压区面积的圆心角（rad）与 2π 的比值；α_t 为纵向受拉钢筋截面面积与全部纵向钢筋截面面积的比值，当 $\alpha>0.625$ 时，取 $\alpha_t=0$。

5.计算结果

经分析判断，灌注桩计算成果均满足规范要求，具体详见表 4-2。

表 4-2　钻孔灌注桩式护岸（C-1 型）验算成果

灌注桩特性	
灌注桩直径（m）	1.0
灌注桩桩长（m）	18
灌注桩中心距（m）	1.5
灌注桩入土深度（m）	13.5
入土点位移（mm）	6.74
桩顶位移（mm）	25.0
单根灌注桩最大弯矩设计值（kN·m）	1 144
灌注桩截面配筋	30 Φ 20（主筋） Φ 10@ 10（箍筋）

4.2.1.5　设计要点

（1）满足基桩构造要求。

基桩纵筋应根据所受弯矩和轴压按压弯构件计算确定，基桩箍筋应按所受剪力计算。但当竖向承载力以土的支承阻力控制时，配筋则应按构造要求的最小配筋率确定。在竖向荷载作用下，内力计算简单可行；在水平作用下计算基桩内力，可按承台—桩—地基土共同作用原理计算。

①配筋率。

灌注桩的配筋与预制桩不同，无须考虑吊桩、锤击沉桩等因素。正截面最小配筋率宜根据桩径确定，一般为 0.2%~0.65%，大桩径取低值，小桩径取高值。由于纵筋能有效提高桩身承载力，工程实践中，采用后注浆处理的基桩、嵌岩端承桩等基桩承载力常以桩身承载力控制时，可适当在桩顶一定范围内提高配筋率至 0.8%~1.0%，根据《建筑桩基技术规范》（JGJ 94—2008）第 5.8.2 条计算桩身抗压承载力。抗拔桩根据桩身承载力和控制裂缝宽度计算配筋量。按控制裂缝宽度计算值进行配筋时，钢筋直径不宜过粗。

②配筋长度。

主要考虑轴向荷载的传递特征、荷载性质、土层性质和地形地貌等因素。

对于端承型桩，侧阻力分担荷载量较小，桩身压应力沿深度减小并不明显时应通长配筋。对于桩长较大的摩擦端承桩，当基岩较深使桩身较长时，侧摩阻力分担荷载量较大，桩身压应力沿深度减小较为明显时可变截面配筋。抗震设防区的嵌岩桩，从基岩到上覆土层刚度突变，在桩端也有应力集中，故配筋量不宜减少；位于坡地岸边的基桩，其配筋长度应根据多项因素综合确定。在非抗震设防区，应根据土体整体滑移计算桩端进入潜在滑裂面以下足够深度，其纵筋长度也应与之对应；震害表明，坡地岸边建筑物，由于滑移性地裂使桩基础破坏较为严重，为防止基桩截面断裂失效，因此规定纵筋应通长布置。

非抗震设防区的摩擦型桩，因荷载主要由侧阻力分担，桩身内力沿深度近似直线减小，因此在 2/3 桩长以下取消配筋仍能满足必要的安全度。当受水平荷载（如风荷载、拱的水平推力等）时，配筋长度尚不应小于反弯点下限 4.0/α（α 为桩的水平变形系数）；对于抗震设防区的基桩，应在桩身弯、剪应力突变处加强纵筋和箍筋。一般基桩震害较为严重的主要在桩头部位、液化土与非液化土界面处以及软夹层和硬夹层界面处。纵筋及箍筋在上述位置均需加强，且纵筋应进入稳定土层一定深度。

③箍筋配置。

箍筋的配置主要考虑三方面因素：一是箍筋的受剪作用，对于地震设防地区，基桩桩顶要承受较大剪力和弯矩，在风载等水平力作用下也同样如此，故规定宜在桩顶 5d 范围箍筋适当加密；二是箍筋在轴压荷载下对混凝土起到约束加强作用，可大幅度提高桩身受压承载力，而桩顶部分荷载最大，故桩顶部位箍筋应适当加密；三是为控制钢筋笼的刚度。

箍筋的最小直径不应小于 6 mm，根据桩径大小及抗剪要求在 6~12 mm 范围调整。桩顶加密区间距一般不大于 100 mm，加密区范围一般取 5d。当桩长较短且直径大于 1 200 mm 时，基桩在地震作用下呈现刚性桩的特征，破坏主要集中在桩头 1~2 m 范围内，此时箍筋加密区可取 3d。加密区以外的箍筋间距宜为 200~300 mm，为改善受力和方便施工，箍筋宜采用螺旋式。

为加强钢筋笼刚度和便于钢筋笼加式制作及吊装,应每隔 2 m 设一道直径为 12～18 mm 的加劲箍,加劲筋应与纵筋焊接。

④耐久性。

基桩常年置于土中,大气环境变化对其影响很小,且一般以受压为主,裂缝开展概率较低,对基桩耐久性有利。水下灌注桩的主筋混凝土保护层厚度不得小于 50 mm;干作业灌注桩的主筋混凝土保护层厚度不应小于 35 mm。

如果基桩用于抗拔的同时又位于水位波动的土层中,其耐久性措施应适当加强,如采用后张预应力灌注桩或预应力空心桩,或增强配筋控制裂缝宽度。

为确保桩身纵筋保护层厚度,钢筋笼每隔 2～3 m 应对称设置不少于 4 点定位器,定位器采用焊接砂浆滚轴式或钢板雪橇式,不宜采用绑扎式砂浆垫块。

(2)满足最小长径比。

①桩端阻力随进入持力层深度的增加而增大,但进入桩端阻力临界深度后,桩端阻力不再随进入深度的增加而变化。实际工程中由于持力层厚度有限和施工等因素,一般进入持力层深度远小于临界深度,但不宜小于规范规定的最小深度。持力层以上的覆盖土层通常较差、较软弱,但其重力产生的传递至桩端平面的上覆压力,对于桩端土体单元产生侧向围压,由此提高土的剪切强度。当土出现侧向挤出时,上覆压力对桩端阻力的增强效应是明显的。就上述桩端埋置深度对端阻力的影响而言,桩的长度不能过小,一般取 $(7～10)d$。对上覆松散、软弱土层者取高值。

②桩侧阻力大小取决于桩周土的剪切强度,而桩周土的剪切强度随土体围压增加而提高,即随深度增加而提高,但达到侧阻力临界深度后,侧阻力不再随深度变化,只受土层性质的影响。侧阻力临界深度为端阻力临界深度的 50%～70%。侧阻力的深度效应源于土体的拱效应,土越密实拱效应越明显,且在地面以下较小深度出现。

③综合桩端阻力、桩侧阻力的深度效应和上覆压力影响,对于桩的最小长径比按如下原则确定:对于上覆松散、软弱土层情况,最小长径比 l/d 宜取不小于 10;对于上下土层变化较小的情况,最小长径比 l/d 宜取不小于 7;桩端进入持力层的深度不应小于规范规定值,且应考虑桩的长径比接近临界最小值,应适当加深。对于嵌入中等强度以上完整基岩中的嵌岩桩,可不受最小长径比的限制。

(3)桩身材料应满足强度和刚度要求。

为使桩身能承受足够大的荷载而不产生明显压缩,通过桩、土刚度的显著差异产生桩土相对位移将荷载传递至深部土层,桩身材料应具备很高的强度和刚度。桩身应采用钢筋混凝土或钢材、型钢等现代材料制作。结合耐久性要求和桩身承载力要求,混凝土的单轴抗压强度标准值一般不宜低于 16.7 MPa,弹性模量不低于 2.8 万 MPa,即混凝土强度等级不低于 C25,桩身配筋率不低于 0.2%～0.65%。既能充分发挥地基土的支承阻力潜能,又能保持桩土刚度比 E_p/E_s 不低于 1 000,使长径比不超过 50 的中长桩,能将荷载传递至桩端,有效发挥其端阻力。

(4)对很大深度范围内无良好持力层时的摩擦桩,应按设计桩长控制成孔深度。当桩较长且桩端置于较好持力层时,应以确保桩端置于较好持力层作主控标准。

(5)钻孔达到设计深度,灌注混凝土之前,孔底沉渣厚度应符合下列规定:对端承型桩,不应大于 50 mm;对摩擦型桩,不应大于 100 mm;对抗拔、抗水平力桩,不应大于 200 mm。

（6）清孔后要求测定的泥浆指标有三项，即相对密度、含砂率和黏度。它们是影响混凝土灌注质量的主要指标。灌注混凝土前，孔底 500 mm 以内的泥浆相对密度应小于 1.25，含砂率不得大于 8%，黏度不得大于 28 s。

（7）质量检验要求：①采用高应变法检测单桩竖向抗压承载力，检测数量不宜少于总桩数的 5%，且不得少于 5 根；②采用低应变动力法检测基桩桩身的完整性，检测桩数不得少于总桩数的 10%，每根桩埋设声测管 3 根。

4.2.1.6　施工注意事项

（1）施工步骤。测放轴线→桩机就位组装→护筒埋设→造浆钻进→清孔→钻孔检查→钢筋笼安制→安装导管和灌注混凝土。

（2）质量控制。在施工过程中要严格控制泥浆的比重、含砂率和钻进速度，防止塌孔、缩径等不良现象的发生。灌注桩的实际浇筑混凝土量不得少于计算体积，混凝土面高程应高出桩顶设计高程至少 500 mm。灌注时要保证首批混凝土量能使导管底口埋置深度达到 1 m 以上，灌注过程中，导管底口埋深在 2~4 m 以内，灌注连续进行。加强施工原始记录数据的管理。

（3）钻孔机具及工艺的选择，应根据桩型、钻孔深度、土层情况、泥浆排放及处理条件综合确定。

（4）成孔设备就位后，必须平整、稳固，确保在成孔过程中不发生倾斜和偏移。应在成孔钻具上设置控制深度的标尺，并应在施工中进行观测记录。

（5）钢筋笼的材质、尺寸应满足设计要求，制作允许偏差（主筋及箍筋间距、钢筋笼直径及长度等）应满足《建筑桩基技术规范》（JGJ 94—2008）中表 6.2.5 的规定。

（6）检查成孔质量合格后应尽快灌注混凝土。直径大于 1 m 的桩或单桩混凝土量不超过 25 m³ 的桩，每根桩桩身混凝土应留有 1 组试件；直径不大于 1 m 的桩或单桩混凝土量超过 25 m³ 的桩，每个灌注台班不得少于 1 组；每组试件应留 3 件。

（7）护筒埋设应准确、稳定，护筒中心与桩位中心的偏差不得大于 50 mm；护筒的埋设深度在黏性土中不宜小于 1 m，砂性土中不宜小于 1.5 m。护筒下端外侧应采用黏土填实。施工期间护筒内的泥浆面应高出地下水位 1 m 以上，在受水位涨落影响时，泥浆面应高出最高水位 1.5 m 以上。在容易产生泥浆渗漏的土层中应采取维持孔壁稳定的措施。

4.2.2　U 形预应力板桩（C-2 型）

先张法预应力 U 形强混凝土板桩（简称"U 形预应力板桩"）是一种在国外广泛应用的支护桩型，以其预制质量好、现场施工方便、速度快、综合造价低等优势受到了水利、市政、港航等行业的认可和推荐。在国内，U 形预应力板桩是近年才研发和生产的，因其独特的"U 形"结构截面设计，提高了结构截面的高度和挡土宽度，即提高了结构的截面惯性矩，是一种抗弯、抗剪性能优良的预制混凝土桩型。目前在长三角地区已经广泛使用，2013 年 1 月 U 形预应力板桩还被水利部认定为水利行业的"先进实用技术"，并颁发了证书，在珠三角和华中一些地区也已经在推广使用，取得了很好的经济效益。

U 形预应力板桩结构相对于常见的钢筋混凝土板桩结构，具有受力结构合理，混凝土及钢筋相对用量较小，自重较小等优势，施工简单、现场作业周期短等特点，曾在基坑中广泛应用，但由于 U 形预应力板桩是一种薄壁结构，打桩过程中容易损坏桩头，特别是在软硬土层互夹复杂地质条件下存在的。其制作一般在工厂预制,再运至工地,成本略高。但由于其截面形状及配筋对板桩受力较为合理并且可根据需要设计。由于其桩身断面小,易入土,经常使用液压静力沉桩、高频振动沉桩设备施工,对周边环境影响相对较小,故在基坑工程中仍是支护板墙常用的一种型式。

板桩能够延长渗径,减少渗透坡降,在水利水电施工中,板桩一般设在需防渗建筑物上游侧,一般适用于砂性土、软淤土地基中。

4.2.2.1　适用条件

相比于传统的围护预制板桩混凝土单价较高,但由于其优化了结构断面和强度大等特点,在相同受力条件下具有较高的性价比,U 形预应力板桩广泛应用于各类路基的护坡挡土、河道护岸的整治和加固、桥梁涵洞的护坡挡土及承重、城市建筑的基坑围护及作为永久性的剪力结构、港口码头护岸、塌方等地质灾害治理、河道堤坝抢险等工程建设领域。

4.2.2.2　优点与缺点

相比传统的材料和施工工艺,U 形预应力板桩具有如下主要优缺点:

(1)截面力学性能好。U 形预应力板桩采用独特的变截面结构设计,在加大截面高度、增大截面抵抗弯矩的同时,还增加了截面宽度,从结构力学原理分析,受力特点等效工字形结构,配以高强预应力钢棒,对比常规板桩结构在相同的材料用量条件下具有良好的抗弯、抗剪性能。

(2)工期短,适应性好。U 形预应力板桩采用工厂预制、机械现场施工,相比灌注桩等传统方法施工工期大大缩短,可显著提高施工速度、保证施工质量;根据现场地质条件,可采用锤击法、振动沉桩法等施工方法,同时可以采用高压射水、钻孔植桩等辅助工艺进行沉桩,更能适应不同的地质条件。

(3)耐久性能好。U 形预应力板桩采用 C60 高性能混凝土,相比于普通的混凝土板桩和钢板桩,耐久性更好,能够满足不同工程应用领域的结构耐久性设计要求。

(4)外观效果好。U 形预应力板桩单桩之间结合紧密,使成型之后的板桩墙不但质量优良,而且因独特的结构截面拼接在一起错落有致而不单调,工程完成后外观效果好,具有很好的美观性。

(5)挡土截面大、止水效果好。U 形预应力板桩的单桩挡土宽度最小为 1 m,远高于传统板桩和普通预制桩。采用预埋式止水胶条,在构件制作时预埋入企口处,使桩间接缝施工后结合紧密可靠,保证企口结合处的止水功能和成型效果。有效防止船行波冲刷,避免岸坡塌方,在河道护岸尤其是城市内河航道护岸工程中应用有较大优势。

(6)工程综合造价低。U 形预应力板桩护岸在施工过程中无须大开挖,无须施工围堰,在地质条件较差的地段相较于常规直立墙护岸无须另行地基处理,其综合造价具有一定的优势。

(7)工艺要求较高,施工设备相对复杂,机械化程度高。虽然 U 形预应力板桩在施工工艺上要求比较高,但在材料用量、施工工期及质量可靠性上有较大优势。钢筋混凝土用量相对较少,减少了资源消耗,工厂化生产,质量稳定,护岸占地面积小,拆迁量小,施工不受汛期影响,工期较短,可选择水、陆施工,凹凸榫槽可加设橡胶止水条,结合紧密可靠,可防止船行波冲刷,避免岸坡塌方,在河道护岸尤其是城市内河航道护岸工程中应用有较大优势。该种结构型式已在七浦塘拓浚整治工程、新沟河延伸拓浚工程及京杭大运河堤防加固工程中得到应用,效果良好。

4.2.2.3　断面特性

设计河底高程−2.0 m,边坡 1∶2.5,高程 2.0 m 处设 2.0 m 宽平台,高程 2.0~4.1 m 采用先张法 U 形预应力混凝土板桩垂直支护结构,顶部设混凝土盖板,再以 1∶1.5 的边坡接至堤顶高程 5.2 m。U 形预应力桩截面高度 450 mm,板厚 120 mm,截面宽度 1 000 mm,板桩总截面面积 172 260 mm^2 预应力筋数量规格 8 Φ 12.6,箍筋直径 8 mm,有效预压应力不小于 5.00 MPa,抗裂弯矩不小于 122 kN·m,抗弯弯矩不小于 178 kN·m,剪力设计值不小于 225 kN,竖向承载力设计值不小于 2 408 kN,竖向抗拉承载设计值不小于 1 004 kN。U 形预应力板桩+生态网箱护岸设计断面如图 4-5 所示,整治效果见图 4-6。

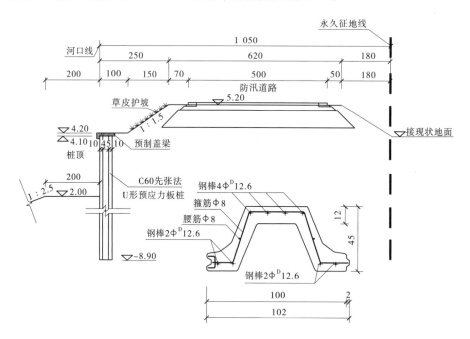

图 4-5　U 形预应力板桩+生态网箱护岸设计断面

4.2.2.4　设计要点

(1)截面计算原则。当钢筋混凝土板桩被用于基坑支护时,为临时工程受弯构件,一般按强度控制原则计算截面,即按承载能力极限状态进行计算,当作为永久结构的一部分有耐久性要求时应验算裂缝宽度是否满足限值,当轴向力较大时,应按照偏心受压构件设计。由于地下工程土压力随开挖深度与时间而变化,以及某些不确定因素,因此截面设计时按计算最大弯矩双面配筋,同时还要根据起吊和运输工况进行受力和变形验算。此外,还应验算板桩混凝土断面的抗剪强度,但一般板桩墙均以抗弯作为混凝土断面的计算控制。

(2)构造要求。混凝土设计强度等级不低于 C60,强度达 70%方可场内吊运,达 100%时方可施打;受力

图 4-6　U 形预应力板桩护岸整治效果

筋采用预应力钢棒,桩顶主筋外伸长度不小于 350 mm,构造筋采用直径不宜小于 8 mm 的
Ⅰ级钢筋;吊钩钢筋采用直径不小于 20 mm 的Ⅰ级钢筋,需绑扎在下层主筋上,不得用冷拉
钢筋;主筋保护层:顶部为 80 mm,底部为 50 mm,侧面为 30 mm。

(3)有通航要求的河道采用此型式时需慎重,最好设置在通航水域以外。

(4)计算 U 形预应力板桩桩顶位移时墙前土压力需考虑折减,入土点高程不能直接取
2.0 m。

4.2.2.5　施工注意事项

(1)基本工艺流程。场地准备、测放轴线→开挖导架槽,安装导架→板桩检查、起吊并
插入导架中→振动射水打入板桩到设计标高。

(2)需保证板桩的混凝土质量,尤其是桩头部位,否则在振动锤长时间振动过程中,桩
头混凝土容易破裂,严重情况下会影响振动锤的继续使用,并会对桩顶射水接头造成破坏,
影响射水效果,使板桩无法打入到设计标高。

(3)打混凝土板桩前,尽量用长臂挖机先进行开挖,清除浅层地表的障碍物,减少打桩
时的阻力。

(4)对于比较坚硬的土层,可以先打钢导桩成孔,穿透该土层。钢导桩的形状、尺寸和需
打板桩一样,砂性土地基条件下也安有高压射水管。拔出导桩后,再插入预应力混凝土板桩。

4.2.3　H 形预应力板桩(C-3 型)

4.2.3.1　适用条件

对于河道沿线因征迁等因素制约,或现状挡墙损毁严重,但墙后房屋密集、距河口较近,
无法大开挖新建直立挡墙或老挡墙加固的河段,设计中可以考虑采用 H 形预应力板桩支挡
结构护岸。先张法预应力混凝土 H 形护岸适用于水利、市政、工业与民用建筑、港口、铁路、
公路、桥梁等工程领域的边坡或护岸支护挡土及承重基础。该种结构型式已在京杭大运河
(苏州段)堤防加固工程中姑苏区安利化工厂、吴中区林通化工厂、怡丰自动化厂区、吴江区
松陵镇云梨桥以南公安码头及大运河分叉段等河段得到应用,效果良好。

4.2.3.2　优点与缺点

H 形预应力板桩是先张法预应力钢筋混凝土桩,其显著特点为抗弯性能优异,防撞性能
好等。其独特的变截面结构设计,既减少了材料的消耗又增大了截面惯性矩,抗弯、抗剪性
能显著提升,还增大了挡土宽度。从而在造价方面也较其他支护结构相对经济。其截面厚
度介于普通板桩与 U 形预应力板桩之间,在地基土质较好的条件下沉桩较为困难,对环境
噪声影响较大。

4.2.3.3　断面特性

预制板桩采用止水、挡土效果较好、刚度较大的先张法预应力混凝土 H 形结构,单根板
桩宽 600 mm+60 mm,纵向顺河道方向连续密布,桩身横截面及拼接大样详见图 4-7。桩身
截面高度根据结构计算确定为 400 mm,桩长根据稳定计算确定为 15 m。为满足桩身连续
成墙的整体性和直立支护结构的整体外观要求,桩顶设高 0.20 m、宽 0.6 m 的盖梁,盖梁顶
高程 5.00 m,并在桩间孔隙素混凝土内设插筋与盖梁连接成整体。H 形预应力板桩护岸设
计断面见图 4-7,整治效果见图 4-8。

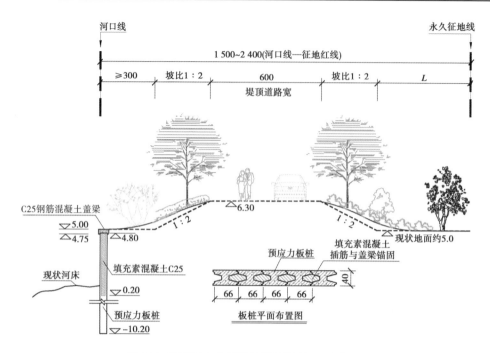

图 4-7 H 形预应力板桩护岸设计断面 （单位:cm）

图 4-8 H 形预应力板桩护岸整治效果

4.2.3.4 稳定验算

板桩结构按桩顶自由悬臂桩进行设计。根据相关规范要求,桩身入土深度满足桩式支护结构整体稳定所需的嵌固深度,板桩入土点位移按不大于 10 mm 控制。经计算,最不利工况桩身最大弯矩为每延米 230 kN·m。为保证桩身强度和耐久性,预制板桩混凝土强度等级 C60,采用工厂生产、蒸压养护。验算成果见表 4-3。

表 4-3 H 形预应力板桩护岸(C-3 型)验算成果

断面名称	桩身尺寸(cm)	水平抗力系数 m(MN/m⁴)	悬臂长度(m)	计算入土深度(m)	取用桩长(m)	抗倾系数 K_c	桩身最大弯矩(kN·m)	桩身最大剪力(kN)	入土点位移(mm)
H 形预应力板桩护岸	40×66	5	4.6	8	14	1.58	371	80.8	4.30

4.2.3.5 设计要点

(1)预应力板桩为先张法预应力混凝土 H 形结构,截面高度 400 mm,截面宽度 600 mm+60 mm,混凝土强度等级 C60;盖梁分缝长度 6.6 m,缝宽 2 cm,填充聚乙烯低发泡板。

(2)沉桩后,在微型预制桩体预留空腔内填充素混凝土至河底高程以下 0.5 m,以防止渗漏和船行波淘刷引起墙后土体流失。

(3)为避免沉桩机械噪声的影响,对土质好的居民生活区尽量不采用先张法预应力 H 形板桩。

(4)H 形护岸桩预应力钢绞线预应力损失主要考虑桩身混凝土弹性变形、锚具变形和内缩、加热养护时温差、预应力钢绞线的应力松弛、混凝土的收缩及徐变等因素。

(5)H 形护岸桩正截面抗弯弯矩按等效工字形截面计算。预应力纵向钢筋的混凝土保护层厚度应小于 40 mm,预应力钢筋最小配筋率不低于 0.4%,并不少于 14 根。

4.2.3.6 施工注意事项

(1)施工前,应查明地下障碍物、地下管线、周边建(构)筑物地下结构,避免影响工程施工、影响管线和周边建筑物安全。沉桩中如遇意外阻力等可疑情况,应及时停工上报,查明情况后方可继续施工。

(2)沉桩方式可采用振动沉桩和液压沉桩。选择合理的施工机械,避免危害河岸稳定和周边建筑物。沉桩时必须采取围檩架、导向车等保证桩身垂直度、桩间结合紧密。

(3)沉桩后,应按设计高程将桩间土冲洗排渣,冲洗干净后,采用导管从孔底开始填充素混凝土;沉桩施工,应做好河岸稳定和周边建筑物监测,如有影响,应及时停工,采取调整施工工艺等措施,确保河岸稳定和周边建筑物安全。

(4)H 形板桩施工完毕后,在相邻孔洞内灌入细石混凝土使得整体性能、防渗性能更好。如对防渗性能要求不高的护岸,也可在相邻孔洞内填入种植土进行绿化,增加生态景观功能。

4.2.4 预制桩板组合护岸(单排桩)(C-4 型)

4.2.4.1 适用条件

常规板桩护岸为连续密打等长板桩,在地基土质较好的情况下,挡土能力一般会有富余,预制桩板组合护岸(单排桩)采用间隔布置的预制方桩,方桩之间后侧插入预制板进行挡土,充分发挥了桩基的挡土性能,适用于挡土高度不高,结合现有河坡整治,不宜大开挖,地基土质较好的河道护岸。该种结构型式已在新沟河延伸拓浚工程武进港段河道整治工程中得到应用,效果良好。

4.2.4.2 优点与缺点

（1）采用传统方桩、预制板，可市场采购也可现场预制，较为灵活。

（2）施工简单，技术难度相对低，工期短。

（3）在松散土和非饱和填土中能起到加密、提高承载力的作用。

（4）在饱和黏性土中挤土效应大，容易导致桩体上浮，降低承载力，增大沉降。挤土效应还会造成周边房屋、市政设施受损。

（5）侧向刚度小，桩身水平位移较大。

（6）外观质量受预制件制作精度影响较大。

4.2.4.3 断面特性

高程 3.5 m 处设 35 cm×50 cm 预制方桩，间距 1.4 m，桩长 10 m，桩后设预制混凝土挡板，厚 0.15 m，挡板底及排水孔外通长布置 D40 砂石滤带设施，板间设缝 5 cm，挡板安装时应适当调整缝宽将挡板对齐、固定，缝内用 C30 细石混凝土填实。高程 3.5 m 以上设 30 cm×80 cm 钢筋混凝土帽梁。高程 3.8 m 以上设每块尺寸为 20 cm×75 cm，共 5 层，层错 20 cm，高程 4.8 m 以上留 1.8 m 平台后筑堤至防洪高程 6.5 m。帽梁每 6 根桩设一道伸缩缝，缝宽 2 cm，伸缩缝填充聚乙烯低发泡板。单排预制混凝土桩板护岸设计断面见图 4-9，整治效果（盖梁施工前）见图 4-10。

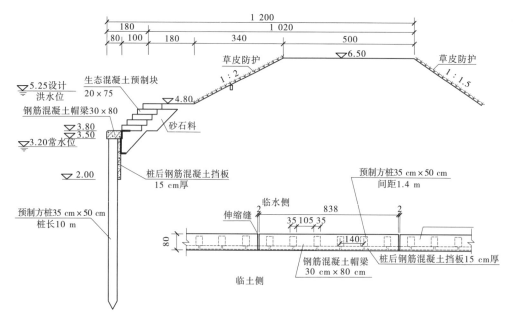

图 4-9 单排预制混凝土桩板护岸设计断面

4.2.4.4 单排桩板护岸计算

计算方法与双排桩板护岸基本相同，参见 4.2.5。计算结果见表 4-4。

表 4-4 单排桩板式护岸（C-4 型）验算成果

断面名称	水平抗力系数 m（MN/m^4）	桩身尺寸（cm×cm）	桩长（m）	抗倾系数 K_c	桩身入土点位移（mm）
单排桩板护岸	4.5	35×50	12	1.31	9.7

图 4-10　单排预制混凝土桩板护岸整治效果(盖梁施工前)

4.2.4.5　设计要点

(1)成桩挤土效应是设计中应予考虑的重要因素。经常成为诱发成桩质量事故的原因,包括引起挤土灌注桩断桩、缩径、移位;大面积预制桩群上涌,桩端脱离持力层导致沉降大幅增加;预制桩接头被拉断;沉桩导致超孔隙水压力积聚、土体扰动、休止时间较短基坑开挖引发桩体位移、折断等。挤土效应随桩距增大而降低,桩距的设计应将挤土效应作为重要因素予以考虑。

(2)降低挤土效应的措施。

①加速排水和防挤:饱和软黏土场地设置塑料插板、应力释放孔等,以加速排水,防止超孔压积聚。当施工场地周围有相邻房屋、道路、管线等市政设施要求保护时,宜在场地外围设置防震沟(防挤沟)、应力释放孔等,以降低侧向挤土的相邻影响。

②控制沉桩速率:24 h 内,沉桩间歇时间不应少于 8 h,对于深厚高灵敏度软黏土场地,日沉桩量不宜超过 5 根,间歇时间不宜少于 12 h。

③引孔沉桩:一般可采用长螺旋钻预钻小于桩径 50 ~ 100 mm、长度为桩长的 1/3 ~ 1/2 的孔,引孔与沉桩间隔时间不宜超过 3 h。

(3)预制桩的制作、吊运、沉桩等具体要求参照图集《预制钢筋混凝土方桩》(04G361)总说明执行,沉桩后桩位置允许偏差 5 cm。

4.2.4.6　施工注意事项

(1)桩板挡墙应在确保对周边建筑物无不利影响情况下实施,并选择合适的打桩方式。根据场地地质条件、桩型规格,按照地区沉桩施工经验,考虑重锤轻击的原则,本工程打桩采用 DD1.8T 打桩机。

(2)打桩施工前应根据不同地质段、不同断面情况分别进行试桩,且应在工程全范围内间隔进行,以选择合适沉桩设备及终沉控制要素,并将试桩过程完整记录。

(3)桩板挡墙施工顺序:打桩→开挖→安装挡板→浇筑帽梁、拉梁→填土。

(4)在施工过程中必须密切监测河坡、周边房屋等建筑物的位移、裂缝等情况,发现异常必须立即停止施工,并采取有效措施防止进一步发展。

(5)桩基施工需要导向架精确定位,严格控制桩间距,以免影响挡板安装精度。

(6)预制桩垂直插入时要与样桩对正,桩身垂直偏差不得大于桩长的 0.5%,桩垂直度用经纬仪双向控制。

(7)打桩过程中应随时检查桩和桩架的垂直度,超过 1%应及时调整。

(8)在桩下沉到近设计标高时,应适度减小落锤高度,防止桩体过度下沉。

(9)在打桩过程中出现桩身突然下沉、倾斜、弯曲、桩头损坏、地下水溢出或周围土隆起等情况时应停止打桩,及时向甲方及有关部门反映,研究处理后再打桩。

(10)桩停止锤击原则:以控制桩端设计标高为主,贯入度为辅,如有异常现象(贯入度达到设计值,而桩尖标高达不到设计标高),应及时通知设计和有关单位共同解决。

(11)当班施工人员必须指定专人做好施工记录,如实记录锤击数和贯入度等,按编好的桩位号对号记录以确保资料的完整性、准确性。

4.2.5 预制桩板组合护岸(双排桩)(C-5 型)

预制桩板组合护岸(双排桩)是在单排桩基础上做了一定改进,在地基土质较差的情况下,在单排桩后侧增加一排预制方桩顶部以桩间的联系梁形成的空间门架式结构体系。这种结构具有较大的侧向刚度,可以有效地限制基坑侧向变形,整体稳定性好,水平位移小,具有适应性强、安全度高、施工方便等多种优点,因此在工程中得到了广泛的应用。

4.2.5.1 适用条件

对现状堤顶有市政道路、施工期不能断行或者临河为企业、生活广场、居民建筑物群楼或沿线绿化带较为成熟等地质地貌条件复杂特殊、持力层埋藏深、地下水位高等不具备条件大开挖河段,可考虑采用预制方桩桩板式护岸。该种结构型式已在新沟河延伸拓浚工程漕河、直湖港、武进港段河道整治工程中得到应用,效果良好。直湖港段桩板护岸整治效果见图 4-11。

4.2.5.2 优点与缺点

相比常用的锚拉桩与悬臂桩,双排桩护岸具有如下主要优缺点:

(1)侧向刚度大,水平位移小。双排桩护岸具有较大的侧向刚度,可以有效地限制基坑侧向变形,无须设置内支撑或锚杆。相比悬臂式单桩,可以降低材料用料 30%以上。在工程场地和地质条件均不能采用锚杆的前提下,采用双排护岸桩替代锚拉桩更显示其独特的优越性。

(2)能有效约束基坑变形,减小桩内力。双排桩护岸可以随下端支承情况的变化自动调整其上下端的弯矩,同时可以自动调整结构各部分内力,以适应复杂多变的载荷作用位置。

(3)抗弯性能好。双排桩护岸前后两排桩之间采用刚性节点与刚性横梁连成一个整体单元,是超静定结构,桩梁之间不能相互转动,故能有效抵抗弯矩。

(4)计算方法不够成熟。双排桩护岸的设计计算方法还不够成熟,实测数据不多,受力机制不够清楚。

(5)需要有一定施工空间。施工场所周边要有一定的空间,以利于双排支护桩的实施。

图 4-11　直湖港段桩板护岸整治效果

4.2.5.3　断面特性

设计河底高程-1.00 m,边坡 1∶2.5,距离现有路面 1.5 m 处临河侧设双排 35 cm×50 cm 预制方桩,前排桩长 12 m,顺水流向间距 1.4 m,后排桩长 7 m,顺水流向间距 4.2 m,拉梁连接。桩顶高程 4.1 m,高程 4.1 m 以上设 0.4 cm×0.8 cm 钢筋混凝土帽梁,上设 1 m 挡浪板至防洪高程。前排桩后设预制混凝土挡板,厚 0.15 m,挡板后设反滤设施,现有路基与板桩墙间填土压实。桩板护岸(C-5 型)设计断面见图 4-12。

4.2.5.4　双排桩板护岸计算

C-5 型双排插板桩式护岸,桩板以承担桩体后土压力、水压力等水平力为主。计算模型取每延米为计算宽度进行计算。

前排桩按悬臂桩计算,分为两部分,即首先通过桩身自身稳定性计算确定桩长,然后通过桩体结构计算确定桩身入土点位移,使得桩身截面在假定的边界条件下满足规范中规定的入土点位移要求。

(1)根据《水工挡土墙设计规范》(SL 379—2007)中 B.0.2 公式计算桩长。

$$t = t_0 + \Delta t$$

$$\Delta t = \frac{E'_p}{2\gamma t_0 (k_p - k_a)}$$

式中:t 为墙体入土深度,m;t_0 为墙体入土点至理论转动点 N 的深度,m;Δt 为 N 点以下的墙

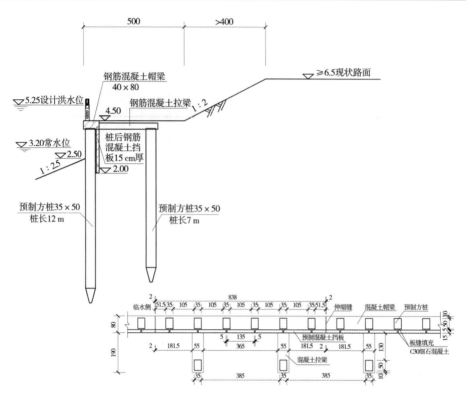

图 4-12　桩板护岸(C-5型)设计断面

体深度,m;E'_p为主动和被动土压力作用下对 N 点以上墙体求矩至 N 点合力矩为零时的合力,kN/m;k_a 为主动土压力系数;k_p 为被动土压力系数;γ 为土的天然重度,kN/m³。

双排桩板护岸受力计算简图如图 4-13 所示。

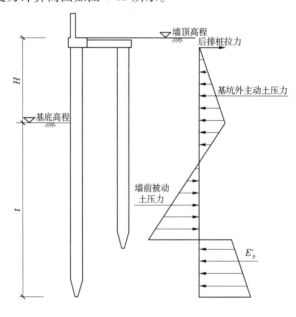

图 4-13　双排桩板护岸受力计算简图

（2）根据《建筑地基基础设计规范》（GB 50007—2011）附录 V 有关规定，进行悬臂桩倾覆稳定验算，结果见表 4-5。在土压力、外水压力共同作用下，绕地面以下 O 点转动，主动区倾覆作用力矩总和比被动区倾覆作用力矩总和应大于规范要求的安全系数，即 $K_t \geq 1.30$，得出桩长。

根据以上两种计算方法分别求出桩长 L_1、L_2，比较并取两者最大值作为最终计算桩长。

表 4-5　双排桩板式护岸（C-5 型）验算成果

断面名称	水平抗力系数 m（MN/m⁴）	桩身尺寸（cm×cm）	桩长（m）	抗倾系数 K_c	桩身入土点位移（mm）
双排桩板式护岸	4.5	35×50	12	1.31	9.5

4.2.5.5　设计要点

（1）排距的影响：在双排桩护岸结构中，前后排桩均分担主动土压力，但前排桩主要分担土压力的作用，而后排桩兼起支挡和拉锚双重作用。当排距较小时，侧向位移较大，桩身变形趋势与单排桩相似，双排桩门式刚架作用不明显，抵抗侧向弯曲和变形的能力较低；随着排距的增大，排桩的侧移减少，门架作用越来越明显，前、后排桩侧移的差值增大，桩间土受到挤压作用，说明桩间土与排桩共同作用，接受排桩滑坡滑动面以上最大弯矩增加愈来愈缓慢，滑动面以下桩身最大弯矩增加到一定值后减小，总体上变化不大。因此，合理选用排距能使双排桩较好地发挥共同抵抗侧向变形的能力，排距的选取应同时考虑桩径和基坑开挖深度。

（2）桩身刚度的影响：随着桩径的增大，前后排桩侧向位移逐渐减小，但影响程度不同。当桩径较小时，增加桩身刚度可显著减少桩身侧向位移，但随着桩径的增大，桩身刚度变化对桩身侧移的影响逐渐减小。前后排桩最大弯矩值均随着桩身刚度的增大而增加。只有在合理桩径范围内适当提高桩身刚度才可有效减少侧移。提高前排桩桩身刚度对围护结构的影响效果比提高后排桩桩身刚度的显著。在围护工程中前后排桩可以选用不同的桩径，使前后排桩能均衡发挥作用，并获得较好的经济效果。

（3）连梁的影响：随着连梁刚度的增加，前后排桩的桩顶水平位移差减小，从而使桩身侧向变形减小，但土体的被动土压力也随之减小，主动土压力随之增大，导致桩身应力增大，使桩身位移有增大的趋势，这就削弱了桩身位移减小的幅度。这说明连梁刚度增加到一定程度时，对桩身水平位移的影响较大，但继续增加，效果并不明显。

（4）桩长的影响：为有效控制双排桩的侧向变形，必须要有足够的嵌固深度，以增加被动土压力。但超过一定的入土深度继续增加时，对抑制桩身变形的效果并不明显，反而会增加桩身折断的可能性，同时也掩盖了被动区土体破坏的可能性。此外，适当地减小后排桩的长度对前后排桩内力变形影响不大，但可以节省工程投资。

（5）其他设计要点参见 C-4 型。

4.2.5.6　施工注意事项

具体参见 C-4 型。

4.2.6　预应力桩板组合生态护岸(C-6型)

4.2.6.1　适用条件

对于现状挡墙局部河段损毁严重,防汛安全隐患较大,环境脏、乱、差,沿线因征地拆迁难度大、高等级公路不能断行等因素制约不具备大开挖条件,但该区域需要实施堤防达标建设,新建生态护岸及绿化带,提升该区域的防洪除涝能力,改善水岸景观时,可以考虑采用组合生态预应力板桩护岸。该护岸型式采用"工"字型预应力钢筋混凝土预制桩中插入预制混凝土板,由于采用工厂化预制,采用高强度混凝土构件,该种护岸型式施工精度较高,施工中可顺利地将预制板插入"工"字型桩的槽口中,大大增强了护岸的整体性。广泛适用于中小河流治理、景观河道、公园、黑臭河道治理、航道、老驳岸改造加固等。该护岸型式的预制板由于采用工厂化预制,可在表面做造型、图案、上色,还可制作模块化生态仓进行植物种植和水生动物栖息,增加了桩式护岸的生态景观功能。该护岸案例为新孟河延伸拓浚工程、宜兴丁山护岸工程、苏州浒关生态景观护岸工程、无锡古庄生态园护岸工程、吴江汾湖杨荡港护岸工程等,效果良好。

4.2.6.2　优点与缺点

钢筋混凝土预应力组合桩属新技术、新工艺,颠覆传统直立挡墙外观,赋予产品景观生态效果,相比前面所述的H形预应力板桩,具有如下主要优势:

(1)生产效率高,能多方向定位,弱化挤土效应,提高容错度,质量有保障,施工简单,施工速度快。

(2)造价经济,生态环保。可满足不同护岸的要求,上下生态仓内可栽种植物,提供水生动物的繁衍生息空间,水体与土体的相互渗流交换,板桩上栽种植物,形成绿色护岸长廊。

(3)景观效果好。可以根据业主的需求,定制护岸的形式,可以在板桩表面进行处理,压花、仿石、图案、颜色等,也可以融合项目周边的文化,如公园、学校、寺庙、古城区、美丽乡村建设等。

(4)施工工期短。无须围堰干水作业,对现场的要求不高,施工速度快,汛期照常施工不受影响,大大缩短工期。

(5)抗弯、抗渗性能差。

(6)侧向刚度小,桩身水平位移较大。

4.2.6.3　断面特性

河底高程-2.0 m,边坡1∶2.5,在高程2.0 m处设置C60组合生态预应力板桩,桩长10 m,边长40 cm×57 cm,桩距1.5 m,桩间为C30预制连接板20 cm×106 cm(带有水上、水下生态仓),桩与板间缝宽应控制不大于2 cm。桩、板以C30钢筋混凝土帽梁(45 cm×60 cm)连接,帽梁每9 m(6根桩)设一道伸缩缝,缝宽2 cm,伸缩缝填充聚乙烯低发泡板。高程5.5~6.5 m间设置1 m高挡浪板,挡浪板每4.5 m设置2 cm分缝,防止挡浪板产生裂纹。桩板后满铺350 g/m² 土工布,相邻土工布搭接不小于30 cm。板后30 cm范围内回填砂石滤层中粗砂/中等粒径天然碎石配合比1∶1。组合生态预应力板桩护岸设计断面见图4-14,施打实景见图4-15,整治效果见图4-16。

4.2.6.4　设计要点及施工注意事项

参见C-4型及C-5型。

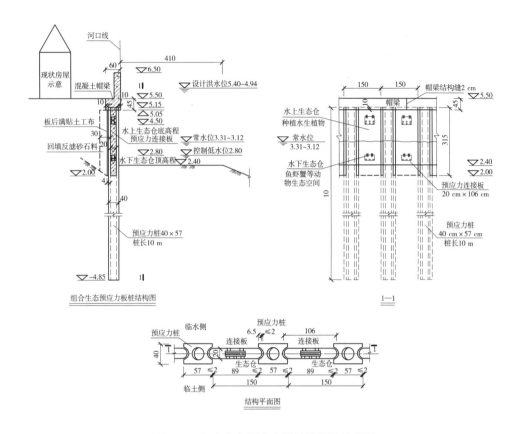

图 4-14　组合生态预应力板桩护岸设计断面

(a)先间隔施工受力桩　　　　　　　(b)插入连接板

图 4-15　组合生态预应力板桩护岸施打实景图

4.2.7　钢板桩+土锚护岸(C-7型)

（1）适用条件:随着防腐、施工工艺的提升,钢板桩作为基坑支护、围堰施工的常用桩型也逐渐运用在水利工程永久护岸当中,钢板桩除了具备以上桩式护岸的优点之外,由于其轻便、截面小,相对于各类混凝土桩非常易于施打,对施工区域周边建筑物影响很小。为一种现代基础与地下工程领域的重要施工材料,钢板桩可满足传统水利、土木、道路交通工程,环

图 4-16　组合生态预应力板桩护岸整治效果

境污染整治及突发性灾害控制等众多工程领域的施工要求。可适用于不具备条件大开挖，或紧邻道路又不能断行的河段以及房屋密集处等地质地貌复杂河段，可带水作业，无须设置临时围堰。该种结构形式已在新沟河延伸拓浚工程、新孟河延伸拓浚工程、京杭大运河（苏州段）堤防加固等工程中得到应用，效果良好。

当地基土质较差或挡土高度较高时钢板桩还可结合锚索进行整体受力，特别在软土地基中可使用囊式扩大头锚索和高压旋喷桩锚索。

（2）优点与缺点：钢板桩护岸具有强度较高，施工震动小，锁口严，墙后土不会流失等优点，但有时也存在防腐要求高、技术要求高等问题。此外，常见钢板桩规格整体刚度不大，桩顶位移较大，在挡土高度较大时可结合锚拉结构共同受力。

自走式静压机械施打钢板桩护岸实景图见图 4-17。

图 4-17　自走式静压机械施打钢板桩护岸实景图

4.2.7.1　囊式锚拉钢板桩护岸（C-7-a 型）

1.断面特性

河道边坡 1∶2.5，在高程 2.0 m 处设置 2 m 宽平台，平台后为 U 形钢板桩护岸。桩长 12 m，顶部设钢筋混凝土帽梁，设囊式扩大头锚索，锚点高程 4.50 m，锚索总长度 19.0 m，扩大头段锚固长度 6 m，扩大体直径 80 cm，锚索间距 2.4 m。钢板桩+囊式扩大头锚杆护岸设计断面如图 4-18 所示，囊式扩大头锚索钻孔及锚索张拉见图 4-19。

2.单锚钢板桩护岸计算

1）计算模型

单锚钢板桩计算模型见图 4-20。

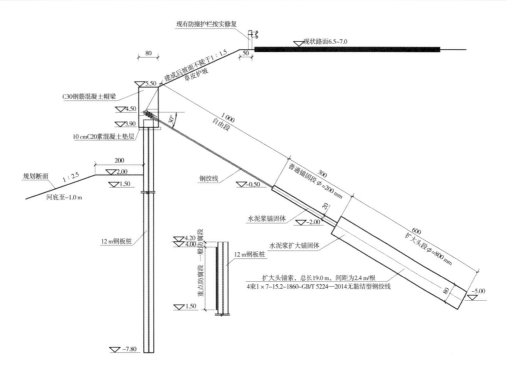

图 4-18　钢板桩+囊式扩大头锚索护岸设计断面

图 4-19　囊式扩大头锚索钻孔(左图)及锚索张拉(右图)

2)计算简图

单锚钢板桩计算简图见图 4-21。

3)计算要点

钢板桩+囊式扩大头锚索计算主要分钢板桩计算、囊式扩大头锚索计算以及加筋水泥土锚桩计算三部分。

(1)钢板桩计算。

①确定土压力系数。单支点深埋钢板桩墙被动土压力强度要乘一个土压力修正系数。为安全起见,要对桩前被动土压力强度乘一个大于 1 的修正系数,对桩后被动土压力强度乘一个小于 1 的修正系数,对主动土压力强度则不折减。

②计算作用在板桩墙上的土压力。墙前被动土压力计算高度为 h,墙后被动土压力和墙后主动土压力计算高度均为 $H+h$。

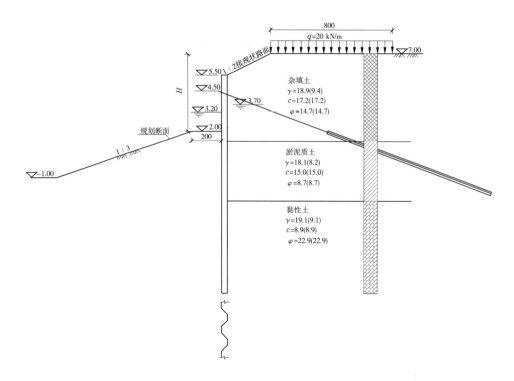

图 4-20　单锚钢板桩计算模型

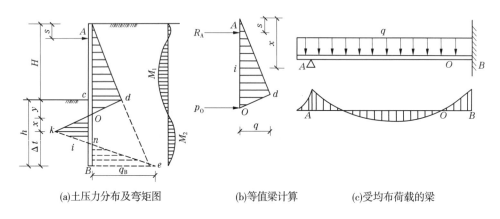

(a)土压力分布及弯矩图　　　(b)等值梁计算　　　(c)受均布荷载的梁

图 4-21　单锚钢板桩计算简图

③试算板桩墙上基底以下土压力强度为零的 O 点。

④计算等值梁的支座反力。

⑤计算等值梁剪力等于零的位置。

⑥计算等值梁的设计弯矩。

⑦计算板桩墙的设计入土深度 h。

a.最小入土深度 t_0。

在图 4-21 中, x 值可根据等值梁的下支座反力 p_0 和墙前被动土压力对板桩底端(x 底部)的力矩相等求得。

b.设计入土深度 h

$h = t_o + \Delta t = \lambda t_o$（$\Delta t$ 为安全增加长度；λ 为经验扩大系数，取值为 1.1~1.2）。

（2）囊式扩大头锚杆计算。

①锚杆自由段长度。锚杆自由段长度应按穿过潜在破裂面之后不小于锚孔孔口到基坑底距离的要求来确定，可按下式计算，且不应小于 10 m；当扩大头前端有软土时，锚杆自由段长度还应完全穿过软土层。计算简图见图 4-22。

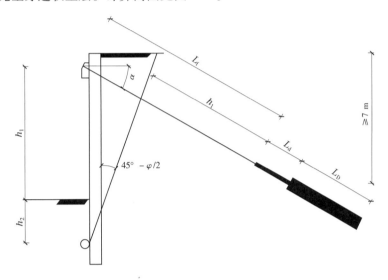

图 4-22　锚杆自由段长度计算简图

$$L_f = \frac{(h_1 + h_2)\sin\left(45° - \dfrac{\varphi}{2}\right)}{\sin\left(45° + \dfrac{\varphi}{2} + \alpha\right)} + h_1$$

式中：L_f 为锚杆自由段长度；h_1 为锚杆锚头中点至基坑底面的距离，m；h_2 为净土压力零点（主动土压力等于被动土压力）至基坑底面的深度，m；φ 为土体的内摩擦角，(°)，对于非均质土，可取净土压力零点至地面各土层的厚度(m)加权平均值。

②锚杆结构设计计算。

a.高压喷射扩大头锚杆的抗拔力极限值应通过现场原位基本试验确定，无试验资料时，按下式估算，但实际施工时必须经过现场基本试验验证确定。

$$T_{uk} = \pi\left[D_1 L_d f_{mg1} + D_2 L_D f_{mg2} + \frac{(D_2^2 - D_1^2)p_D}{4}\right]$$

式中：T_{uk} 为锚杆抗拔力极限值，kN；D_1 为锚杆钻孔直径，m；D_2 为扩大头直径，m；L_d 为锚杆普通锚固段的计算长度，m，对非预应力锚杆，取实际长度减去两倍扩大头直径，对预应力锚杆取 $L_d = 0$；L_D 为扩大头长度，m；f_{mg1} 为锚固段注浆体与土层间的摩阻强度标准值，kPa，通过试验确定，无试验资料时，可按表 4-6 取值；f_{mg2} 为扩大头注浆体与土层间的摩阻强度标准值，kPa，通过试验确定，无试验资料时，可按表 4-6 取值；p_D 为扩大头前端面土体对扩大头的抗力强度值，kPa。

b.扩大头前端面土体对扩大头的抗力强度值，可按下式计算：

表 4-6　注浆体与土层间的摩阻强度标准值

土质	土的状态	摩阻强度标准值（kPa）
淤泥土质	—	16~20
黏性土	$I_L>1$	18~30
	$0.75<I_L\leqslant0.1$	30~40
	$0.50<I_L\leqslant0.75$	40~53
	$0.25<I_L\leqslant0.50$	53~65
	$0<I_L\leqslant0.25$	65~73
	$I_L<0$	73~90
粉土	$e>0.90$	22~44
	$0.75<e\leqslant0.90$	44~64
	$e<0.75$	64~100
粉细砂	稍密	22~42
	中密	42~63
	密实	63~85
中砂	稍密	54~74
	中密	74~90
	密实	90~120
粗砂	稍密	80~120
	中密	100~130
	密实	120~150
砾砂	中实、密实	140~180

注：I_c 为黏性土的液性指数，e 为粉土的空隙比。

$$p_D = \frac{(1-\xi)\,K_0\,K_P\gamma h + 2c\sqrt{K_p}}{1-\xi K_p}$$

式中：γ 为扩大头上覆土体的重度，kN/m^3；h 为扩大头上覆土体的厚度，m；K_0 为扩大头端前土体的静止土压力系数，可由试验确定，无试验资料时，可按有关地区经验取值，或取 $K_0=$ $1-\sin\varphi'$（φ' 为土体的有效内摩擦角）；K_p 为扩大头端前土体的被动土压力系数；c 为扩大头端前土体的黏聚力，kPa；ξ 为扩大头向前位移时反映土的挤密效应的侧压力系数，对非预应力锚杆可取 $\xi=(0.50\sim0.90)K_a$，对预应力锚杆可取 $\xi=(0.85\sim0.95)K_a$，K_a 为主动土压力系数，ξ 与扩大头端前土体的强度有关，对强度较好的黏性土和较密实的砂性土可取上限值，对强度较低的土应取下限值。

c.锚杆抗拔力特征值应按下式确定：

$$T_{ak} = \frac{T_{uk}}{K} \geqslant N_k$$

式中：T_{ak} 为锚杆抗拔力特征值，kN；T_{uk} 为锚杆抗拔力极限值，kN；K 为锚杆抗拔安全系数；N_k 为荷载效应标准组合计算的锚杆拉力标准值，kN。

d.扩大头长度尚应符合注浆体与杆体间的黏结强度安全要求，应按下式计算：

$$L_\mathrm{D} \geqslant \frac{K_\mathrm{s} \, T_\mathrm{ak}}{n \pi d \xi f_\mathrm{ms} \psi}$$

式中:K_s 为杆体与注浆体的黏结安全系数,按本规程表 4-7 取值;T_ak 为锚杆抗拔力特征值,kN;L_D 为锚杆扩大头的长度,m,当杆体自由段护套管或防腐涂层进入到扩大头内时,应取实际扩大头长度减去搭接长度;d 为杆体钢筋直径或单根钢绞线的直径,mm;f_ms 为杆体与扩大头注浆体的极限黏结强度标准值,MPa,通过试验确定,无试验资料时按相关规范取值;ξ 为采用 2 根或 2 根以上钢筋或钢绞线时,黏结强度降低系数,竖直锚杆取 0.6 ~ 0.85;水平或倾斜向锚杆取 1.0;ψ 为扩大头长度对黏结强度的影响系数;n 为钢筋的根数或钢绞线股数。

表 4-7　锚杆安全系数

等级	锚杆破坏的危害程度	锚杆抗拔安全系数 K		杆体与注浆体黏结安全系数 K_s	
		临时锚杆	永久锚杆	临时锚杆	永久锚杆
Ⅰ	危害大,且会造成公共安全问题	2.0	2.2	1.8	2.0
Ⅱ	危害较大,但不致造成公共安全问题	1.8	2.0	1.6	1.8
Ⅲ	危害较轻,且不致造成公共安全问题	1.6	2.0	1.4	1.6

　　e.锚杆杆体的截面面积应符合下列公式规定:

$$A_\mathrm{s} \geqslant \frac{K_\mathrm{t} \, T_\mathrm{ak}}{f_\mathrm{y}}$$

$$A_\mathrm{s} \geqslant \frac{K_\mathrm{t} \, T_\mathrm{ak}}{f_\mathrm{vy}}$$

式中:K_t 为锚杆杆体的抗拉断综合安全系数,应根据锚杆的使用期限的防腐等级确定,临时性锚杆取 $K_\mathrm{t} = 1.1 \sim 1.2$,永久性锚杆取 $K_\mathrm{t} = 1.5 \sim 1.6$(其中,一级防腐应取上限值,二级防腐应取中值,三级防腐和三级以下应取下限值);T_ak 为锚杆的抗拔力特征值,kN;f_y、f_vy 为预应力混凝土用螺纹钢筋和普通热轧钢筋的抗拉强度设计值、钢绞线和热处理钢筋的抗拉强度设计值,kPa。

　　(3)加筋水泥土锚桩计算。

　　加筋水泥土锚体的极限抗拔承载力应根据加筋体与水泥的握裹力,以及加筋水泥土与土的摩擦力确定,并可按下列两种情况确定,取较小值。

　　①当由锚体自重与土体的侧摩擦阻力确定时,其抗拔承载力标准值可按下式进行计算:

$$R_{\mathrm{k}i} = (Al\gamma\sin\theta_i + \pi d l_a q_\mathrm{sk})\lambda$$

式中:$R_{\mathrm{k}i}$ 为第 i 根加筋水泥土锚体的抗拔承载力标准值,kN;A 为加筋水泥土锚体的截面面积,m^2;l 为加筋水泥土锚体的有效长度,m;γ 为水泥土重度,kN/m^3;θ_i 为加筋水泥土锚体与水平面夹角,(°);d 为加筋水泥土锚体的截面直径,m;l_a 为加筋水泥土锚体的锚固长度,m;q_sk 为加筋水泥土与土体间的侧阻力标准值,可根据当地经验确定,无经验时,可按现行行业标准《建筑基坑支护技术规程》JGJ 120 的有关规定执行,基础安全等级相应取值;λ 为经验系数,可根据当地经验取值,可取 0.6 ~ 1.0。

　　②当由加筋水泥土加筋体的强度确定时,其抗拔承载力标准值应按下式进行计算:

$$R_{ki} = \frac{1}{4}\pi d^2 f_t$$

式中：f_t 为加筋水泥土筋体材料的抗拉强度标准值。

（4）计算结果。

扩大头锚索钢板桩护岸计算成果汇总见表4-8。

表4-8　扩大头锚索钢板桩护岸计算成果汇总

序号	设计参数	扩大头锚索帽梁底高程 3.9 m 锚索底高程−5 m
1	锚索总长度（m）	19.0
2	扩体段长度（m）	6.0
3	扩体段直径（mm）	800
4	普通锚固段长度（m）	3.0
5	普通锚固段直径（mm）	200
6	自由段长度（m）	10.0
7	夹角（°）	30
8	锚索抗拔力特征值 T_{ak}（kN）	260
9	锚索张拉锁定值（kN）	180
10	验收试验最大试验荷载 1.5 倍 T_{ak}（kN）	390
11	基本试验（事前破坏试验）锚索抗拔力极限值 T_{uk}（kN）	550

3.设计要点

1）施工工艺流程

囊式扩大头锚索施工顺序流程详见图4-23。

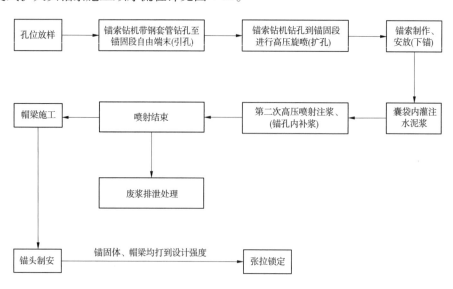

图 4-23　囊式扩大头锚索施工顺序流程

2）钢板桩防腐

主体钢构件分为重点防腐段及一般防腐段。重点防腐段采用喷砂（或抛丸）除锈，清除铁锈污物基体金属的表面清洁度等级不低于 Sa2.5 级，表面粗糙度 R_z 值为 60～100 μm。钢板桩采用分段防腐，迎水面高程 1.5～4.0 m 采用喷涂环氧富锌底漆 60 μm，中间环氧云铁防锈漆 80 μm，外加环氧面漆 80 μm；一般防腐段应清除铁锈污物后，刷 2 道红丹防锈底漆（无外露面），工艺、质量方面应满足《水工金属结构防腐蚀规范》（SL 105—2007）要求。

3）放样、引孔

（1）扩大头锚索位置水平间距为 2.4 m，锚索与水平面呈 30°。孔位允许偏差不小于 100 mm，孔夹角偏差不超过±2°。

（2）引孔：首先用水泥混合浆液引孔（如土质较好则采用清水进行），引孔至扩体段后开启高压喷射扩径。当钻头喷射稳定且钻杆转动平稳后，下旋钻进，成孔至设计深度，当钻进至设计深度后停止向下钻进，但保持钻杆转动和高压喷射。扩大头长度允许偏差±100 mm。

（3）在钻进过程中，不得中断喷射。

4）注浆扩孔

（1）扩径段直径 800 mm，扩径采用纯水泥浆，水泥强度不低于 42.5 的普通硅酸盐水泥；水泥浆水灰比 1.0，扩孔喷射压力不小于 25 MPa，喷射时喷管匀速旋转，匀速扩孔 2 遍。

（2）当钻孔深度达到设计要求后，增大喷射压力至 30 MPa，以 20 cm/min 的提升速度及 15 r/min 的转速进行高压喷射扩孔。

（3）在高压喷射扩孔过程中，不得中断喷射；一旦出现喷射中断，再次喷射时，搭接长度不小于 100 mm，且间隔时间不大于 30 min。

5）锚索制作、下锚

（1）锚索采用 4 束 1×7-15.2-1860-GB/T 5224—2014 无黏结型钢绞线。

（2）安放锚索杆体时，应防止筋体扭曲，注浆管随锚索一同放入孔内，管端距孔底为 50～100 mm，筋体放入角度与钻孔倾角保持一致，安好后使筋体始终处于钻孔中心。

6）袋内灌浆及补浆

（1）采用二级搅拌，制配无泌水水泥浆，0.5（扩大头）纯水泥浆，旋喷压力 25～30 MPa，浆量 75 L/min。

（2）完成囊袋内无泌水水泥浆灌注后，将锚孔内除注浆管外均与囊体脱离。然后通过脱离后的锚孔内注浆管进行锚孔补浆。

7）张拉、锁定

（1）待锚固体和帽梁达到设计强度后，4 束钢绞线分为 2 个单元，采用高压油泵和穿心千斤顶进行张拉锁定。采用等荷载张拉，锚索抗拔力特征值 T_{ak} 为 260 kN，正式张拉前，取 10%T_{ak} 预张拉 1～2 次，每次均应松开锚具工具夹片调平钢绞线后重新安装夹片，使锚索完全平直，各部位接触紧密。

（2）以 50%、75%、100%的 T_{ak} 分级张拉，各观测 5 min，然后超张拉至 110%T_{ak}，观测 10 min，锚头无位移现象后卸载至锁定荷载 180 kN 进行锁定。加载速度不得大于 100 kN/min。

8）验收试验

（1）锚杆达到设计要求后需做验收试验，验收试验的数量不应小于工程锚杆总数的 5%且不小于 3 根。

（2）验收试验最大试验荷载不应小于锚杆抗拔力特征值 T_{ak} 的 1.5 倍。验收试验应分级加载，初始荷载取 T_{ak} 的 10%，分级加载值分别为 T_{ak} 的 50%、75%、1.0 倍、1.2 倍、1.35 倍、1.5 倍，每级荷载的稳定时间均为 5 min，最后一级荷载的稳定时间为 10 min。如在上述稳定时间内锚头位移增量不超过 1.0 mm，可认为锚头位移收敛稳定，否则改机荷载应在维持 50 min，并分别在 20 min、30 min、40 min、50 min 时记录锚杆位移增量。

（3）加载至最大荷载稳定 10 min 且稳定后，应立即卸荷，然后加载至锁定荷载锁定。

（4）其他试验要求按照"高压喷射扩大头锚杆技术规程（JGJ/T 282—2012）"6.4 章节和附录 F 执行。

9）原位基本试验

囊式扩大头锚索在正式施工前应进行原位基本试验以验证锚索的实际抗拔力极限值 T_{uk}。本类型锚索做 3 组试验。

4.2.7.2 高压旋喷锚拉钢板桩护岸（C-7-b 型）

1.断面特性

河道边坡 1∶2.5，在高程 2.0 m 处设置 2 m 宽平台，平台后为 U 形钢板桩护岸。桩长 16 m，顶部设钢筋混凝土帽梁，设高压旋喷桩锚索，锚点高程 5.50 m，锚索总长度 26 m，旋喷桩体直径 800 mm，锚索底高程-7.5 m；高压旋喷搅拌桩锚固长度 20 m，自由段长度 6 m，锚索间距 1.8 m。钢板桩+高压旋喷锚拉设计断面见图 4-24。

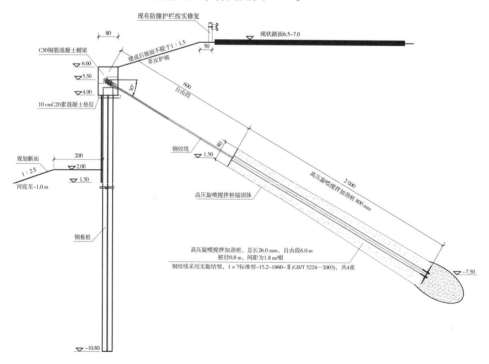

图 4-24　钢板桩+高压旋喷锚拉设计断面

2.单锚钢板桩护岸计算

计算过程与 C-6-a 型扩大头锚索基本相同。计算结果详见表 4-9。

表 4-9　高压旋喷锚拉钢板桩护岸计算成果汇总

序号	设计参数	高压旋喷桩锚索帽梁底高程 4.9 m 锚索底高程−7.5 m
1	锚索总长度(m)	26.0
2	旋喷桩体长度(m)	20.0
3	旋喷桩体直径(mm)	800
6	自由段长度(m)	6.0
7	夹角(°)	30
8	锚索抗拔力特征值 T_{ak}(kN)	220
9	锚索张拉锁定值(kN)	155
10	验收试验最大试验荷载 1.5 倍 T_{ak}(kN)	330
11	基本试验(事前破坏试验)锚索抗拔力极限值 T_{uk}(kN)	450

3.设计要点

1)施工工艺流程

高压旋喷桩锚索施工顺序流程详见图 4-25。

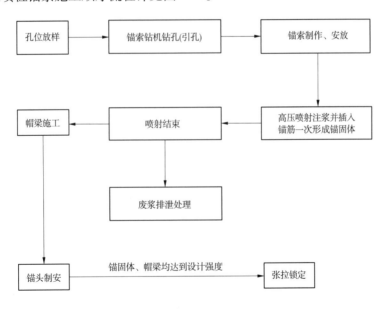

图 4-25　高压旋喷桩锚索施工顺序流程图

2)钢板桩防腐

防腐要求与 C-6-a 型扩大头锚索相同。

3)放样、引孔

高压旋喷桩锚索位置水平间距为 1.8 m,锚索与水平面呈 30°。孔位允许偏差不小于 100 mm,孔夹角偏差不超过±2°。

4）浆液配比

（1）注浆材料选用 42.5 级普通硅酸盐水泥纯水泥浆。

（2）水泥掺入量为 20%，水灰比一般选 1.0，若地层情况特殊，则需在现场进行浆液配比试验，具体根据试验桩确定。

（3）水泥浆应拌和均匀，随拌随用，一次拌和的水泥浆应在初凝前用完。

5）锚索制作、下锚

（1）锚索采用钢绞线。

（2）安放锚索杆体时，应防止筋体扭曲，注浆管随锚索一同放入孔内，管端距孔底为 50~100 mm，筋体放入角度与钻孔倾角保持一致，安好后使筋体始终处于钻孔中心。

6）喷射注浆

（1）旋喷搅拌锚桩采用专用钻机成孔，钻头采用一次性钻头加搅拌叶片，钻杆为中空钻杆，钻进过程中，通过上述钻杆的中空通道边钻进边搅拌注浆。

（2）旋喷搅拌钻进注浆压力一般为 25~30 MPa，喷浆量 75 L/min，搅拌钻杆的钻进、提升速度分别控制在 15~20 cm/min，搅拌钻杆（轴）的转速控制在 5~15 r/min，具体可结合实际地层条件根据试验桩进行调整。

（3）在钻进过程中，不得中断喷射。

7）张拉、锁定

张拉、锁定要求与扩大头锚索相同。

8）验收试验

（1）锚杆达到设计要求后需做验收试验，验收试验的数量不应小于工程锚杆总数的 5% 且不小于 3 根。

（2）验收试验最大试验荷载不应小于锚杆抗拔力特征值 T_{ak} 的 1.5 倍。验收试验应分级加载，初始荷载取 T_{ak} 的 10%，分级加载值分别为 T_{ak} 的 50%、75%、1.0 倍、1.2 倍、1.33 倍、1.5 倍，每级荷载的稳定时间均为 5 min，最后一级荷载的稳定时间为 10 min。如在上述稳定时间内锚头位移增量不超过 1.0 mm，可认为锚头位移收敛稳定，否则改机荷载应在维持 50 min，并分别在 20 min、30 min、40 min、50 min 时记录锚杆位移增量。

（3）加载至最大荷载稳定 10 min 且稳定后，应立即卸荷，然后加载至锁定荷载锁定。

（4）其他试验要求按照"加筋水泥土桩锚技术规程（CECS147:2016）"执行。

9）原位基本试验

高压旋喷桩锚索应在正式施工前进行原位基本试验以验证锚索的实际抗拔力极限值 T_{uk}。本类型锚索做 3 组试验。

4.2.8　T 形地连墙直立支护式护岸（C-8 型）

4.2.8.1　适用条件

T 形地连墙直立支护式护岸（C-8 型）可适用于水利、水运以及建筑、市政城市地下空间等行业领域的永临结合或永久性的软土地基的地下高支挡防渗支护工程、地下空间构建、河道高岸坡整治、靠船码头或通航建筑物的闸室及其导航墙、深基坑高支护防渗墙和高支挡护岸等工程中广泛推广应用。该种护岸型式不仅节约投资，而且可避免大量弃土，节约工期和用地，已在新沟河江边枢纽工程、丹阳九曲河整治工程中得到应用，将用于太湖流域大型通江引排工程望虞河拓浚工程中,经济效益和社会效益显著。

4.2.8.2　优点与缺点

优化改进后的该种直立支护式护岸属于一种新型的高刚度、高支挡的 T 形地连墙结构,可避免河道拓浚、挡墙开挖对征地拆迁的影响,抗渗性好、抗弯能力强,结构整体性好,可将征迁费转移为工程费,既节约土地和造价,又避免征迁矛盾。但施工难度较大,工程造价较高,景观效果较弱。

4.2.8.3　断面特性

钢筋混凝土 T 形地连墙支护式护岸挡墙采用岸上填筑平台打桩,桩前水下开挖成墙的施工工艺,按桩顶自由的悬臂桩进行设计。根据桩基设计的相关规范要求,对于主要承受水平荷载的桩体,其桩身入土深度应满足桩身结构水平变形系数和桩式支护结构整体稳定所需的嵌固深度的要求,水平位移按桩身强度控制。为保证直立支护结构的整体外观要求,地连墙墙顶高程同河道多年平均水位 3.10 m,墙顶以上设钢筋混凝土 L 形悬臂挡墙,与地连墙现浇连成整体,悬臂挡墙墙顶高程同堤防高程为 5.80 m,底板面高程 3.70 ~ 3.50 m,底高程 3.10 m,平均厚度为 50 cm,立墙高 2.1 m,平均厚度也为 50 cm。地连墙 T 形截面翼缘宽度 3.6 m,翼缘厚度 0.6 m,腹板净高 3.0 m,腹板厚度 0.6 m,截面总高 3.6 m,墙前挡土面顶高程 0.00 m,以边坡 1∶5 斜降至 -4.0 m,经计算桩顶位移为 13.6 mm,桩入土点位移为 9.17 mm,详见图 4-26。

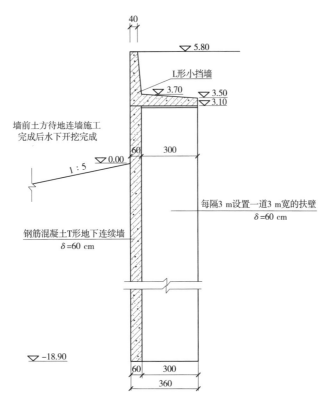

图 4-26　T 形地连墙结构图

4.2.8.4　内力分析与配筋

按悬臂(无锚)式支护体进行内力分析计算。T 形悬臂式支护体主要随水平荷载,采用竖向弹性地基梁法或"m法"求解,将土体视为弹性介质,其水平抗力系数地面处为零,随深度线性增加,忽略墙体侧面与土间的黏着力、摩擦力对抵抗水平力的作用,计算截面参数T形截面采用材料力学法计算确定或按等刚度进行换算。为简化计算,可将T形结构等刚度替换为等宽矩形地下连续墙结构,等刚度换算结果如图4-27所示。

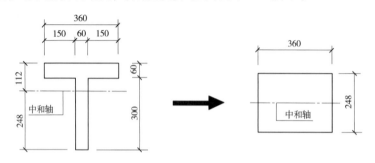

图 4-27　等刚度换算矩形截面梁

　　弹性地基梁法(m法)是现行规范推荐的软土地基上悬臂式结构内力计算方法,该方法同时考虑了结构的平衡条件以及结构自身与土体的协调变形,且经过多年工程实践的积累,地基土水平抗力系数 m 的取值有了一定的经验,现已成为被工程实际运用最广泛的设计方法。基坑工程弹性地基梁法取单位宽度支护结构为单元体,作为竖向放置的弹性地基梁。基坑内侧土体视为土地弹簧,土体对支护结构的水平抗力由土弹簧模拟,土抗力仅与支护结构形变有关。计算简图如图 4-28 所示。

　　对于悬臂支护结构,按《水工挡土墙设计规范》(SL 379—2007)相关规定计算,墙体入土嵌固深度按其附录 B 的 B.0.2 条规定及有关公式进行计算;对于墙体内力

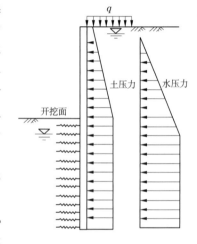

图 4-28　弹性地基梁计算模型

与位移,按附录 C.5 的 C.5.1 条规定,内力采用材料力学法,变形采用竖向弹性地基梁法计算,将开挖面以上水平外荷载等效为开挖面处的不平集中荷载以及力矩,参照得出开挖面以下部分的内力及位移,并根据内力协调变形原理,得到桩顶最大位移。

　　根据支护体稳定和结构计算分析结果,支护体嵌固稳定需要的入土深度与悬臂高度比值为 1.55~1.65,扶壁间距 3.0 m/3.6 m 支护体所在岸坡整体抗滑稳定系数 K = 1.35/131,支护体桩顶位移为 13.6 mm,桩入土点位移为 9.17 mm,满足《水工挡土墙设计规范》(SL 379—2007)要求。悬臂式 T 形支护体内分布示意图如图 4-29 所示。

4.2.8.5　施工关键技术

　　(1)T 形槽孔成槽技术:采用液压抓半成槽机械,按横划、竖划循环挖深开挖。地面槽孔处布置钢筋混凝土导槽、护壁,并连成整体,形成稳定的 T 形槽口;采用泥浆护壁技术,随墙深向下延伸,随时向槽内补浆,保持泥浆面高程。成槽过程中,利用自携纠偏系统控制成槽的垂直度,并随时观测,及时纠偏。

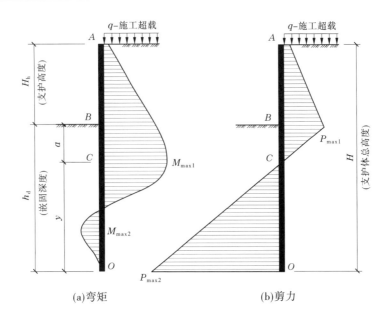

(a)弯矩 　　　　　　　　　　　　(b)剪力

图 4-29　悬臂式 T 形支护体内分布示意图

（2）异形钢筋笼垂直吊装技术：钢筋笼高 22 m，重 12.9 t，现场采用"三点平衡法"吊装（见图 4-30）。预先计算确定重心位置、缆绳作用点及长度，主吊（50 t 履带吊）和副吊（35 t）协调起吊，将钢筋笼缓慢吊离地面，移至槽孔上方，多组葫芦与主、副钩协同调整吊点重心，使钢筋笼渐趋竖直后，撤走副吊，主吊移到槽段上方，对准槽段缓慢入槽，直至完全就位。

图 4-30　异形钢筋笼三点平衡法吊装施工

（3）单元体节间连续技术：采用的"圆柱体"节间连续技术，其核心体为"锁口管"（直径 59 cm 钢管）。单元体施工槽段按顺序分为首开槽、顺开槽、闭合槽 3 种，其挖宽包含锁口管空间并留有富余，槽孔成型后，安放锁口管，它既是槽孔限位体，也是水下混凝土浇筑的侧边模板。槽孔混凝土等强 3 d 后，用专用千斤顶拔除锁口管，开挖两侧顺开槽，依此类推，直至闭合槽完成，最终形成连续闭合支护体。节间接头采用定制接头刷，紧贴面泥皮清除干净，使相邻混凝土注浆实，确保节间连接、紧密、连续。

第 5 章　加固利用类护岸结构

5.1　加固利用类护岸(D 类)分类

为避免工程重复建设,减少拆迁,节省工程投资,对现有护岸质量较好,但建设标准较低,以及现有局部破损护岸上部建有房屋,不具备拆建的现有老挡墙进行加固利用。加固利用类护岸通常可分为现状挡墙＋筑堤类、老挡墙加固类、局部利用类老挡墙加固、高桩承台型老挡墙加固、板桩导梁型老挡墙加固、组合式老挡墙加固(墙前钢板桩支护加固、墙前钢筋混凝土帽梁加固、墙前打桩贴面加固、浆砌块石挡墙加固)、老挡墙顶增设防洪墙类(老挡墙顶增设挡浪板、老挡墙＋台阶式防洪墙、现状挡墙退后增设防洪墙、临路段老挡墙＋U 形花坛式防洪墙、现状挡墙＋反 L－A 型防洪墙、现状挡墙＋反 L－B 型防洪墙)等多种断面型式。加固利用类护岸主要特征见表 5-1。

表 5-1　加固利用类护岸主要特征表

护岸结构类型	型式	断面名称	适用条件	主要优点	主要缺点
现状挡墙＋筑堤(D－1 型)	D－1－a型	现状挡墙＋筑堤	现状已建护岸完好、墙顶高程尚未防洪达标,堤后场地较为空旷有条件退后筑堤,但现有挡墙加固后整体边坡稳定不能满足规范要求的堤段	水泥搅拌桩:①质量检测方法成熟;②适用范围广泛,工程造价低;③性能可靠,施工方便,环境污染小	①施工周期长;②施工工艺较复杂;③对较深土质处的深层桩质量难控制
	D－1－b型	现状挡墙＋筑堤	现状已建护岸完好、墙顶高程尚未防洪达标,堤后场地较为空旷有条件退后筑堤,但加载后挡墙自身抗滑安全系数不能满足规范要求,且原堤防不够密实的堤段	压密注浆:①能有效改善土体强度和防渗性能;②对中砂地基及黏土地基尤为适用;③施工方便,环境污染小	①质量检测方法不成熟;②加固深度较浅;③工程造价较高;④实践经验丰富,但理论落后于实践,应用范围相对较小
老挡墙加固类(D－2 型)	D－2－a型	老挡墙加固＋挡浪板	现状挡墙质量一般,墙顶防洪高程未达标、没有条件退后筑堤,但能在墙顶增设挡浪板防洪达标的堤段	①施工便利,难度小;②施工周期短;③工程造价低	①外观效果差;②与老混凝土结合面需植筋处理并做抗拔试验
	D－2－b型	老挡墙加固＋筑堤	现状挡墙质量一般、墙顶防洪高程未达标、有条件退后筑堤的堤段	①施工难度小,成效快;②对周边环境污染少、工期短;③迎水面可以兼顾景观效果	①占地面积大;②必要时需考虑减载措施;③管理成本大
	D－2－c型	老挡墙加固＋钢板桩支护	现状挡墙质量一般、墙顶防洪高程未达标、部分岸边房屋紧临挡墙的河段	①施工难度小,成效快;②对周边环境污染少、工期短	①绿化效果差;②对钢板桩有一定的防腐要求;③管理成本大;④河流自净能力低

续表 5-1

护岸结构类型	型式	断面名称	适用条件	主要优点	主要缺点
老挡墙加固类（D-2型）	D-2-d型	老挡墙加固+移动式防洪墙	现状挡墙质量一般，墙顶防洪高程未达标、没有条件退后筑堤的堤段。移动式防洪墙主要用于汛期来临时防汛御洪作用。更适合设置江河堤坝、大型港口码头、铁路隧道口、高速公路涵洞口、人防洞口等处	①可快速安装及拆卸，可堆叠收藏；②抗水压能力较强；③立柱两侧设带翼防水胶条，利用洪水自然动水压力测压模式，水量越大密闭越佳	①质量检测方法不成熟；②工程造价较高；③对存放堆叠空间要求高
局部利用类老挡墙加固（D-3型）	D-3型	局部利用类老挡墙加固	现状老挡墙底板完好、墙身破损严重，墙后又不具备条件开挖的河段	①结构轻型；②承载能力较大	①自身稳定性差；②需配置钢筋；③施工难度较大
高桩承台型老挡墙加固（D-4型）	D-4型	高桩承台型老挡墙加固	现状老挡墙年久失修墙身、破损严重墙顶未满足防洪要求，墙后又不具备条件开挖的河段，一般适用于桥梁、海上（水上）平台建筑，不适用于高层建筑物	①施工便利，时效快；②可减少墩台或墙体的圬工数量，避免或减少水下作业	①稳定性较差；②高桩身抵抗地震水平作用及风荷载的性能比低桩承台差
板桩导梁型老挡墙加固（D-5型）	D-5型	板桩导梁型老挡墙加固	现状钢筋混凝土挡墙质量相对完好、水上墙体局部剥落破损、外观质量差、墙顶又未满足防洪要求的河段，可采用拆除墙身，临水侧增设钢筋混凝土板桩+导梁的加固断面型式	①施工工艺相对成熟；②对周边环境污染少、工期短；③可带水作业	①结构耐久性差；②高桩身抵抗地震水平作用及风荷载的性能比低桩承台差

续表 5-1

护岸结构类型	型式	断面名称	适用条件	主要优点	主要缺点
组合式老挡墙加固（D-6型）	D-6-a型	墙前钢板桩支护加固	设计河口线距离现状驳岸较近，驳岸沿岸距离房屋较近、防洪高程已达标、质量相对完好可利用的现状挡墙段	①成效快，工期短；②对周边环境污染少；③可带水作业	①结构耐久性差；②施工难度较大
	D-6-b型	墙前钢筋混凝土帽梁加固	现状已建挡墙完好无损，墙后加载筑堤防洪达标后挡墙的抗滑稳定系数不满足规范要求的堤段	①成效快，工期短；②对周边环境污染少；③可带水作业	①自身稳定性差；②需配置钢筋；③施工难度较大
	D-6-c1型	墙前打桩贴面加固	集镇段或工矿企业段对景观要求一般的河段	①成效快，工期短；②对周边环境污染少；③可带水作业	①自身稳定性差；②需配置钢筋；③施工难度较大
	D-6-c2型	墙前打桩水上部分改建生态挡墙	非集镇段或景观要求相对较高的河段	①生态效益可观；②成效快，工期短；③对周边环境污染少；④可带水作业	①自身稳定性差；②需配置钢筋；③施工难度较大
	D-6-d1型	浆砌块石挡墙+墙前坡面修整加固	现状墙顶高程已防洪达标，墙体质量完好无损的已建浆砌块石挡墙段，墙前增加护砌的简易加固型式增加抗冲刷能力	①增强边坡稳定性；②有效防止水土流失；③增强抗冲刷能力；④经济性好、实用性强	①自身稳定性差；②施工难度较大
	D-6-d2型	浆砌块石挡墙+墙后灌注桩加固	现状墙顶高程已防洪达标，墙体质量完好无损，但河道疏浚后整体边坡抗滑稳定计算或自身挡墙稳定计算不满足规范要求的堤段	①增强整体稳定性；②有效防止水土流失；③增强抗冲刷能力	①自身稳定性差；②工程投资大；③施工难度较大

续表 5-1

护岸结构类型	型式	断面名称	适用条件	主要优点	主要缺点
组合式老挡墙加固（D-6型）	D-6-d3型	浆砌块石挡墙+勾缝修补和青坎加固	现状墙顶高程已满足防洪要求，墙体质量完好无损的已建浆砌块石挡墙	①整体美观性好；②应用广泛，时效快；③增强抗冲刷能力	①自身稳定性差；②施工难度较大
	D-6-e型	硬质护岸保留利用	房屋邻河修建在现状河道护岸上、护岸又不具备条件拆除重建的历史风貌区或市区集镇段河段	①整体美观性好；②施工简单，应用广泛；③有效防止水土流失	①仅适合景观河道；②抗冲刷能力差
老挡墙顶增设防洪墙类（D-7型）	D-7-a型	老挡墙顶增设防洪墙	现状挡墙顶高程不满足防洪标准的未拆迁码头、企业段	①施工简单，应用广泛；②满足防洪要求，避免重复投资	①整体性偏差；②新老混凝土结合处锚筋应做抗拔试验
	D-7-b型	老挡墙+台阶式防洪墙	有一定景观要求、现有地面高程低于最高洪水位的中心城区等河段，可结合景观步道设计，为市民健身休闲提供便利	①景观效益较好；②既满足防洪要求，又方便市民休闲	①高水位时堤后地势低注部位容易渗水，需做好相应防渗措施；②上下游断面衔接不顺畅
	D-7-c型	现状挡墙顶退后增设防洪墙	沿线部分跨河桥梁下部为拱型桥墩，拱腿位处河口，不具备筑堤的桥下空间或其他不具备墙顶增设挡浪板的老挡墙利用段	①施工简单，经济合理；②施工速度快	①工程投资较大；②上下游断面衔接不顺畅
	D-7-d型	临路段老挡墙+U形花坛式防洪墙	部分紧邻现状已建交通要道，现状地面及墙顶高程均较低，征地范围有限的可利用老挡墙段	①景观效益较好；②既满足防洪要求，又方便市民休闲	①高水位时堤后地势低注部位容易渗水，需做好相应防渗措施；②上下游断面衔接不顺畅

续表 5-1

护岸结构类型	型式	断面名称	适用条件	主要优点	主要缺点
老挡墙顶增设防洪墙类（D-7型）	D-7-e型	现状挡墙+反L-A型防洪墙	征地红线范围有限，紧邻堤后固有或拟建建筑物，临河侧道路施工期不能断行的可利用老挡墙段	①施工简单，应用广泛；②满足防洪要求，又能方便老百姓施工期间正常进出	①工程投资较大；②上下游断面衔接不顺畅
	D-7-f型	现状挡墙+反L-B型防洪墙	墙后紧邻景观步道、市政道路或市民广场，路边绿化已成规模的河段	①施工简单，应用广泛；②对现状破坏很小；③景观效益不削弱	①工程投资较大；②上下游断面衔接不顺畅

5.2　加固利用类护岸设计案例

5.2.1　现状挡墙 + 筑堤类(D-1 型)

(1)适用条件:对现状已建护岸完好、墙顶高程没有达到防洪高程，又具备条件退后筑堤的河道可采用现状挡墙 + 筑堤的断面型式。该护岸实用案例为京杭大运河(苏州段)姑苏区堤防加固工程,效果良好。

(2)筑堤断面特性:自现状已建护岸河口线退后一定距离($L \geqslant 3$ m)后加高培厚至设计堤顶高程 6.50 m。堤顶宽度为 6 m,再以 1:2 的坡接至现状地面。筑堤采用素土回填,压实不小于 0.93,现有堤防加高扩建所用土料的填筑标准不应小于原堤身的填筑标准。

对局部深淤段现有挡墙加载后整体边坡稳定不能满足规范要求的堤段在现有挡墙与新增土堤之间增设 3 排 ϕ60 水泥土搅拌桩抗滑,满足边坡稳定要求的同时兼作减载处理,桩间距 1 m,呈梅花形布置,桩长根据计算确定,详见图 5-1。

对加载后部分软土段已建护岸自身抗滑安全系数不能满足规范要求的堤段考虑在其墙后距离现状挡墙河口线不小于 4 m 处采用 3 排压密注浆,以形成一道垂直并连续的浆体帷幕,抵消加载土体对土压力的影响,实现对土体加固减载处理。注浆孔孔径 2.5 cm,双向孔距 1 m,呈梅花形布置,注浆水泥量 80 kg/m³。水泥采用 P.O42.5 普通硅酸盐水泥,水灰比 0.8,桩底高程按低于现有挡墙底板不小于 1 m 控制,详见图 5-2。

5.2.1.1　水泥搅拌桩(D-1-a型)

水泥搅拌桩是指以水泥浆作为加固材料,用压缩空气将其喷入地基土层中,凭借钻头

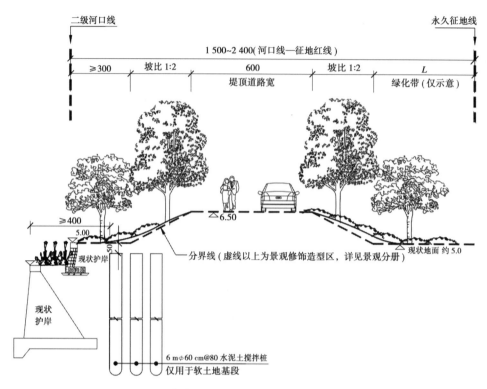

图 5-1　现状挡墙 + 筑堤（水泥搅拌桩抗滑）　（单位：cm）

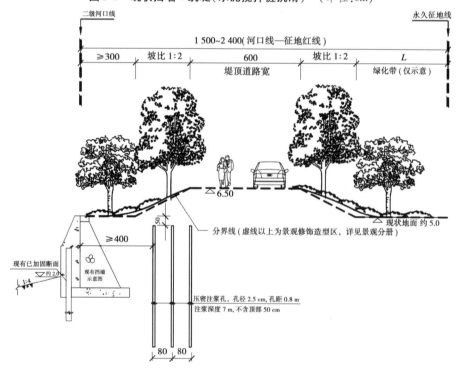

图 5-2　现状挡墙 + 筑堤（压密注浆减载）　（单位：cm）

在原位与土强制性搅拌并充分混合,形成整体性强、水稳定性好、强度较高的柱体,这种加固体可作为竖向承载力与原地基土共同作用成复合地基,也可作为堤坡或堤身整体失稳的抗滑措施。

1.适用条件

水泥搅拌法适用于处理正常固结的淤泥与淤泥质土、粉土、饱和黄土、素填土、黏性土以及无流动地下水的饱和松散砂土等地基,并且在淤泥地基加固中,水泥搅拌桩基础较经济。

2.设计主要工艺参数

桩径、间距、布置方式、置换率、桩长、水泥掺量、桩体无侧向抗压强度设计值等。

3.检测要求

(1)成桩 7 d 后开挖浅部桩头(深度宜超过停浆面以下 0.5 m),且检查搅拌桩均匀性,量测成桩直径,检查数量为桩总数的 5%。

(2)成桩 3 d 内,用轻型动力触探试验检查桩身质量的均匀性,检测数量为施工桩总数的 1%,且不少于 3 根。

(3)取芯检测:在成桩 28 d 后,采用双管单动取样器钻取芯样做水泥土抗压强度检验,抽检总桩数的 0.5%,且不少于 6 点。

4.施工注意事项

(1)应严格采用"四搅两喷"的施工工艺。停喷高程应高出设计桩顶高程,桩顶以上部分长度不小于 0.5 m。

(2)喷浆前检查钻杆长,并按设计要求施工时控制下钻深度、喷浆面及停浆面,确保桩长。

(3)施工时应定时检查搅拌桩的桩径及搅拌均匀程度,对使用的钻头应定期复核检查,其直径磨耗量不得大于 2 mm。

(4)必须保证主机机身施工时处于水平状态,保证导向架的垂直度,桩体垂直偏差不得超过 1.0%。

(5)桩位偏差不得大于 30 mm,桩间搭接长度满足设计要求。

(6)喷浆下沉和喷浆提升的速度必须符合施工工艺要求,应有专人记录每桩下沉或提升时间,深度记录误差不得大于 50 mm,时间记录误差不得大于 5 s。

(7)在喷浆成桩过程中遇有故障而停止喷浆时,第二次喷浆接桩时,其喷浆重叠长度不得小于 1.0 m。

5.2.1.2　压密注浆(D-1-b 型)

1.适用条件

压密灌浆常用于中砂地基,黏土地基中若有适宜的排水条件也可以采用。如遇排水困难而可能在土体中引起高孔隙水压力时,必须采用很低的灌浆速率。压密灌浆还可用于非饱和的土体,以调整不均匀沉降进行的托换技术,以及在大开挖或隧道开挖时对邻近土体进行加固。

2.设计要点

压密注浆是将浓稠的浆液注入土体,在土体中形成孔洞,随着压力的升高,注浆量增大,孔穴扩张,并迫使周围土体中孔隙水压力上升,注浆完毕后的一段时间内,孔压将逐渐消散,周围土体被压密而强度提高,从而达到加固地基的目的。压密注浆设计应符合《既有建筑地基基础加固技术规范》(JGJ 123—2012)的要求。

3.设计主要工艺参数

注浆孔径、水泥用量、注浆有效范围、注浆流量、注浆压力、浆液配方等。

4.检测要求

(1)注浆检验时间应在注浆结束 28 d 后进行。需进行取土试样抗剪强度检测(c 值不小于 15 kPa,φ 值不小于 10°,并 $c/0.85 + \varphi \geqslant 34$)。

(2)注浆检验点为注浆孔数的 2% ~ 5%。当检测点合格率小于或等于 80%,或虽大于 80% 但检测点的平均值达不到强度或防渗的设计要求时,应对不合格的注浆区实施重复注浆。

5.施工注意事项

(1)施工前先摸探老挡墙底板分布范围,若遇挡墙底板,注浆孔可适当后延以确保现有挡墙的安全。

(2)注浆顺序一般为先外排围幕,再内排,最后注中间排,先下部,后上部;为防止相邻两孔窜浆,应采用隔孔跳打注浆。

(3)为了保证注浆质量和效果,间隔跳打注浆时分 2 次,间隔 1 h 以上,待第一次注入浆液初凝后,再进行跳打二次注浆。最终加固效果可通过复打注浆进行调整确保加固后地基承载力。

(4)注浆流量根据规范要求为 7 ~ 10 L/min。

(5)考虑溢浆和现场情况注浆水泥用量取 80 kg/m³,具体可根据现场试验确定。

(6)注浆加固土的强度具有较大的离散性,注浆检验应在加固 28 d 进行。按加固土体深度范围每间隔 1 m 进行室内试验,测量强度或渗透性。检验点数和合格率应满足相关规范及设计要求,对不合适的注浆区应进行重复注浆。

5.2.2　老挡墙加固类(D-2型)

为避免工程重复建设、节省工程投资,对于整治河道上现有护岸质量尚可,但不具备筑堤条件的河段,对老挡墙进行加固利用。加固方案考虑在老挡墙前打入钢筋混凝土预制桩或管桩[部分河段紧临房屋,为防止打桩对房屋产生影响,采用钢板桩(D-2-c型)],浇水下混凝土出水面形成平台,以上通过锚筋将覆面混凝土与老挡墙连接为整体。根据不同情况,在对老挡墙进行加固后分别采用顶部增设挡浪板(D-2-a型)、筑堤(D-2-b型)、钢板桩支护(D-2-c型)等型式以满足防洪高程。

5.2.2.1　适用条件

为避免工程重复建设,节省工程投资,对现有护岸质量较好,但建设标准较低,无设计原始资料以及现有损坏护岸上部直接建有房屋或围墙等,不具备条件拆除重建的采用老挡墙贴面加固 + 挡浪板(D-2-a型)、对堤后具备筑堤条件的采用老挡墙加固 + 筑堤(D-2-b型)。对于部分岸边房屋紧临挡墙的河段,为防止打桩机械振动对房屋结构产生破坏,将 25 cm × 25 cm 微型预制桩改为连续 U 形钢板桩,并在钢板桩与老挡墙间灌注混凝土的方案(D-2-c 型)。对设计的防洪高程影响临河居民通透视线时,可以考虑采用可拆卸式移动防洪墙(D-2-d 型)。

5.2.2.2　断面特性

加固方案考虑采用 C30 的 25 cm×25 cm 微型预制桩加固方案,桩长 4 m,间距 1 m,在老挡墙前打钢筋混凝土微型预制桩,浇水下混凝土出水面形成平台,以上浇筑厚 0.2 ~ 0.35 m 覆面混凝土。考虑打桩时需避开现状挡墙前趾,预制桩顶嵌入水下混凝土 30 cm,下部平台宽度定为 1 m,上部墙身表面需凿毛,每隔 0.5 m、按梅花形布置塞入直径 14 mm 的锚固筋,以使覆面混凝土和老挡墙牢靠连为整体。工程实用案例主要有新沟河延伸拓浚工程、新孟河延伸拓浚工程、京杭大运河(苏州段)堤防加固等。

对不具备筑堤条件的河段,采用老挡墙加固+挡浪板防洪达标(详见 D-2-a 型)。挡浪板厚 0.2 m,高 1 m,底部设 φ5@200PVC 排水管,设计断面如图 5-3 所示。

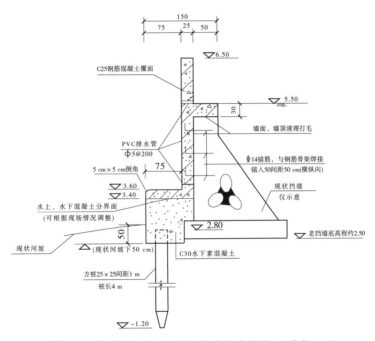

图 5-3　老挡墙加固 + 挡浪板护岸设计断面　(单位:cm)

对具备筑堤条件的河段采用老挡墙加固+筑堤以满足防洪需求(详见 D-2-b 型),设计断面如图 5-4 所示。

对于部分岸边房屋紧临挡墙的河段,为防止打桩机械振动对房屋结构产生破坏,可以考虑将 25 cm×25 cm 微型预制桩改为连续 U 形钢板桩,并在钢板桩与老挡墙间灌注混凝土的方案(详见 D-2-c),设计断面如图 5-5 所示。

对设计的防洪高程影响临河居民通透视线时,可以考虑采用可拆卸式移动防洪墙(详见 D-2-d 型),设计断面如图 5-6 所示,平面及纵剖视图如图 5-7 所示,整治效果见图 5-8。

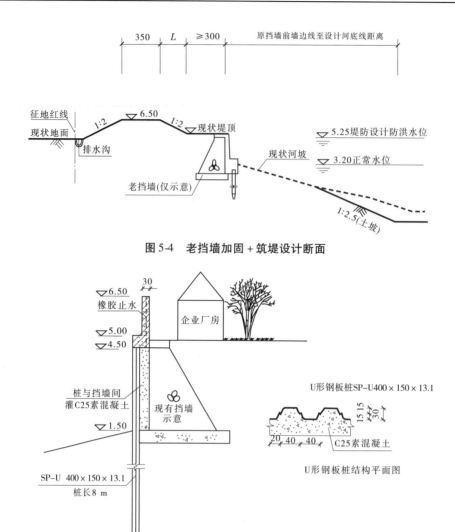

图 5-4　老挡墙加固 + 筑堤设计断面

图 5-5　老挡墙钢板桩加固设计断面　（单位:cm）

5.2.2.3　设计要点

(1)收集现状老挡墙相关资料,便于设计复核计算。

(2)墙体锚筋应做抗拔试验。

(3)移动式防洪墙的日常存贮、安装、脱卸及管理养护需明确落实。

5.2.2.4　施工注意事项

(1)因老挡墙年代久远,施工质量不明,在加固过程中存在老挡墙垮塌、破损、变形的风险,施工前业主需与相邻企业(如临河为居民,则业主与地方政府)明确可能发生的风险,并对风险发生后的处理达成一致,并形成书面意见,否则需待条件成熟后再行施工。

(2)鉴于现状老挡墙没有相关挡墙设计原始资料,为防止发生墙身倾覆或整体滑移等意外事件,施工单位必须在工程实施前对现状老挡墙进行局部挖探摸底,掌握现状老挡墙底板宽度、底板顶高程、墙前是否有抛石等相关关键要素,同时做好施工期观测工作。

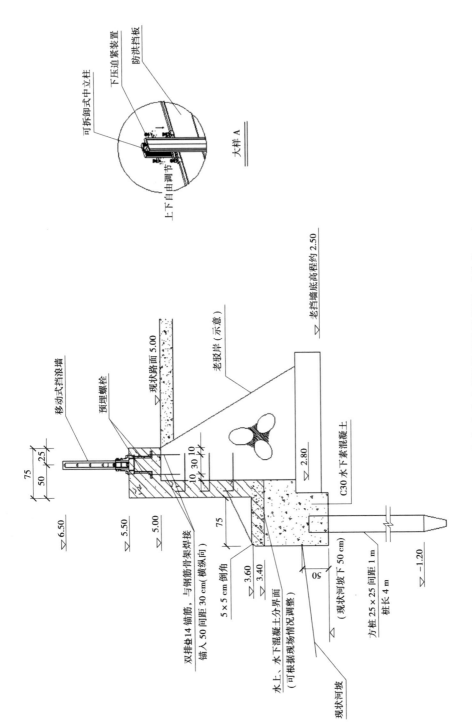

图 5-6　可拆卸式移动式防洪墙设计断面　（单位：cm）

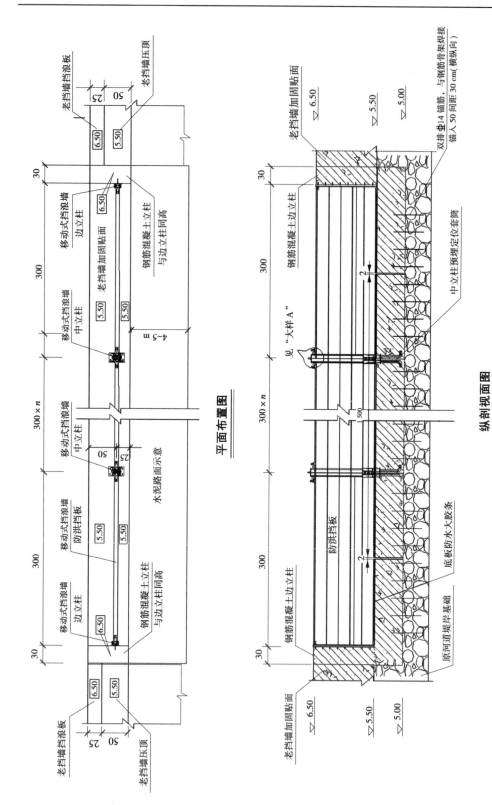

图 5-7 移动式防洪墙平面及纵剖视图 （单位：cm）

对有条件退后筑堤的,退后距离需保证堤顶路面在墙后土体破裂角之外。此外,工程交付使用后,管理单位需对老挡墙段定时加强观测,出现异常情况需及时采取措施,必要时需对老挡墙拆除重建。

图 5-8　移动式防洪墙整治效果

(3)老挡墙加固贴面施工顺序为:对老挡墙前拟浇筑水下混凝土部位进行水下清淤,利用打桩机械进行水上打桩,立模浇筑水下混凝土(掺不分散剂)至水面以上,老挡墙面钻孔植锚筋,立模浇筑水上贴面混凝土,浇筑混凝土压顶。打桩时需注意摸清老挡墙底板位置,确保打桩施工不损坏老挡墙底板。

5.2.3　局部利用类老挡墙加固(D-3型)

5.2.3.1　适用条件

对现状老挡墙底板完好、墙身破损严重,墙后又不具备条件开挖的河段,可考虑利用老挡墙余下砌体整平后作为底板一部分,采用预制方桩＋水下混凝土＋水上钢筋混凝土的加固型式。

5.2.3.2　断面特性

施工期水位(高程3.4 m)以下采用水下混凝土浇筑与原有挡墙残留物连为整体,以上钢筋混凝土直立挡墙。墙前每隔1 m打设25 cm×25 cm预制混凝土方桩,桩长6 m。挡墙底板厚0.4 m,宽2.5 m,前齿宽0.65 m,墙身厚0.4 m,高程5.5 m以上设高1 m、宽0.2 m的挡浪至防洪高程6.5 m。工程实用案例主要有新沟河延伸拓浚工程五牧河、新孟河延伸拓浚工程漕桥河河道工程等。老挡墙加固设计断面如图5-9所示。

5.2.3.3　设计要点

(1)本断面可节约顺堤子堰措施费用,水下分界高程可根据施工期水位实际情况适当调整。

(2)若现有挡墙底板破损缺失严重需通过具体计算分析确定桩基数量及深度。

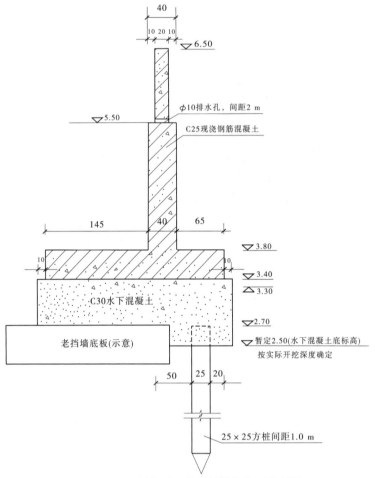

图 5-9　局部利用类老挡墙加固设计断面

5.2.3.4　施工注意事项

（1）注意与相邻驳岸断面型式迎水面结构外观、墙前平台高程的协调一致性。

（2）其他注意事项同 D－2 型。

5.2.4　高桩承台型老挡墙加固（D－4 型）

5.2.4.1　适用条件

对现状浆砌块石老挡墙底板完好、年久失修墙身破损严重墙顶未满足防洪要求，墙后又不具备条件开挖的河段，考虑市场上块石供应量小，设计可采用拆除老挡墙水上部分砌体，新建高桩承台将上部结构传来的外力通过承台和桩传到较深的地基持力层中去。一般适用于桥梁、海上（水上）平台建筑，不适用于高层建筑物。该种结构型式已在苏州河河道整治工程中得到应用，效果良好。

5.2.4.2　优点与缺点

高桩承台底高程在正常水位以上，可减少墩台或墙体的圬工数量，避免或减少水下作业，施工较为便利，但稳定性较差，高桩身抵抗地震水平作用及风荷载的性能比低桩承台差。

5.2.4.3　断面特性

拆除常水位以上部分现有挡墙墙身后新建 L 形承台型防洪墙,即承台底高程 2.8 m,厚 0.5 m,宽 3.5 m,墙身宽 0.4 m,墙顶高程 5.2 m,上设栏杆。承台两端各设置 C30 的 30 cm×30 cm 预制混凝土方桩,间距 1.2 m,桩长 13 m。其设计断面如图 5-10 所示。

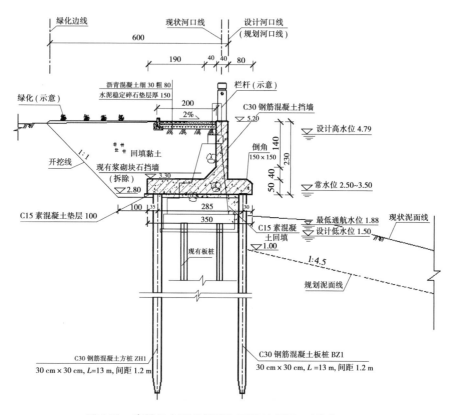

图 5-10　高桩承台型老挡墙加固设计断面　（单位:cm）

5.2.4.4　设计要点

(1)需收集掌握原有老挡墙的设计资料。

(2)设计说明中应明确先打桩再拆除老结构的施工顺序,拆除水上部分老砌体后应进行平整密实处理后再浇筑承台,避免承台与剩余砌体之间留有空隙。

5.2.4.5　施工注意事项

(1)墙身混凝土 30 cm 段与承台混凝土一并浇筑,剩余墙身混凝土浇筑间隔时间不应超过 3 d,且施工缝的处理应满足相应规范要求。

(2)施工时,应首先复核现有护岸结构尺寸,待桩基施工结束后,拆除老结构至 2.70 m 高程,承台下部结构予以保留。护岸拆除过程中,应尽量避免对现状地基的扰动,新建承台底部的空隙用 C15 素混凝土填实,回填厚度以现场实际为准。

(3)施工过程中若发现异常,应立即通知业主、监理及设计单位。

5.2.5　板桩导梁型老挡墙加固(D－5型)

5.2.5.1　适用条件

对现状钢筋混凝土挡墙质量相对完好、水上墙体局部剥落破损、外观质量差、墙顶又未满足防洪要求的河段,设计可采用拆除墙身,临水侧增设钢筋混凝土板桩＋导梁的加固断面型式。

5.2.5.2　断面特性

拆除并恢复高程3.2~4.5 m段钢筋混凝土墙身,采用双面焊与原防汛墙钢筋焊接。墙前采用C30的25 cm×50 cm钢筋混凝土板桩加固,考虑打桩时需避开现状挡墙前趾,桩顶设50 cm×80 cm的钢筋混凝土导梁,桩顶高程嵌入导梁5 cm,桩长12 m,迎水侧导15×15直角。导梁与墙身之间采用碎石回填,导梁底下设20 cm黄沙垫层及10 cm素混凝土垫层。其设计断面如图5-11所示。

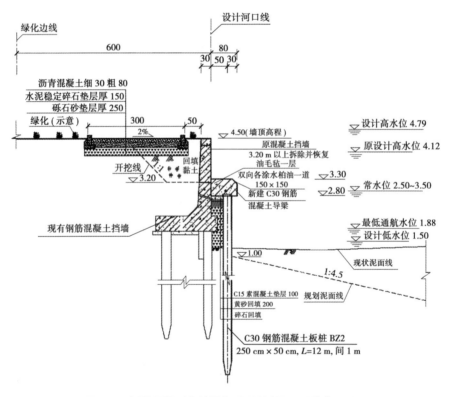

图5-11　板桩导梁型老挡墙加固设计断面　(单位:cm)

5.2.5.3　施工注意事项

(1)新建导梁伸缩缝具体位置现场可根据情况适当调整,与现有老挡墙伸缩缝对齐,伸缩缝间距不应大于20 m,缝宽为20 mm,伸缩缝采用聚乙烯低发泡板填缝,外嵌单组分聚氨酯密封膏20 mm×20 mm。

(2)拆除老墙身至3.20 m高程,露出老墙钢筋,将钢筋表面清洗干净,与老钢筋焊接后,再浇筑混凝土,施工时应注意对现有结构的保护。

（3）施工时,应首先复核现有护岸结构尺寸,明确工程范围内的管线资料,评估施工条件、避免桩基施工后出现移位现象;开挖后若老结构与图纸不符,请及时通知设计单位。

（4）加固防汛墙起点与终点的新建板桩与老墙之间采用 C20 水下混凝土回填,回填长度各为 10 m。

（5）施工过程中若发现异常,应立即通知业主、监理及设计单位。

5.2.6　组合式老挡墙加固(D-6型)

为避免工程重复建设,节省工程投资,结合地方意见,对现状外观质量完好无损且不具备拆建条件的现有老挡墙进行加固利用,结合不同的边界环境及不同的防洪达标途径,可以考虑采用不同组合的老挡墙加固断面型式。

5.2.6.1　墙前钢板桩支护加固(D-6-a型)

1. 适用条件

对沿岸紧邻房屋、防洪高程已达标、质量相对完好的现状挡墙段,统筹考虑河道整治后上下游护岸型式协调一致性,兼顾景观生态绿化建设需求,在满足河道过水断面的前提下,为确保老驳岸安全稳定,可采用垂直支护后新建钢筋混凝土直立式驳岸(D-6-a型)。该种结构型式已在太湖流域湖西区九曲河整治工程中得到应用,效果良好。

2. 断面特性

河底高程 -1.00 m,边坡 1:3,距离沿河现状驳岸不小于 6 m 处新建 L 形钢筋混凝土直立挡墙,挡墙底板面高程 2.40 m,墙顶高程 5.00 m,底板宽 3.6 m,高程 1.80 m 至高程 2.40 m 平台处设 C25 现浇混凝土护坡,厚 15 cm,坡下设 10 cm 厚黄砂垫层及 350 g/m² 土工布层,平台上沿河可配合景观绿化及水保措施栽种灌木高度大于 1 m,以便高水位时提醒过往船只安全行驶(也可种植耐淹类水生植物)。墙前钢板桩支护加固设计断面如图 5-12 所示。

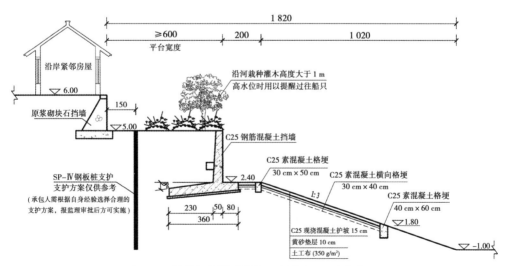

图 5-12　墙前钢板桩支护加固设计断面　（单位:cm）

3. 设计要点

(1)需根据设计断面及地质条件复核整体边坡稳定。

(2)底板倾斜角度一般宜控制在 5°~10°范围内。

4. 施工注意事项

(1)钢板桩支护施工时应确保距离老驳岸不小于 1.5 m。

(2)墙后回填严禁使用重型机械。

(3)施工期加强对老挡墙的观测,出现异常情况时需及时采取措施。

5.2.6.2 墙前钢筋混凝土帽梁加固(D-6-b 型)

1. 适用条件

对现状已建挡墙完好无损,墙后通过加载筑堤防洪达标的堤段,各计算工况下挡墙的抗滑稳定系数均不满足规范要求的,墙前考虑采用钢筋混凝土帽梁加固的型式(D-6-b 型)。

2. 断面特性

河底高程 -1.00 m,边坡 1:3,在高程 2.5~4.9 m 已建钢筋混凝土直立挡墙前水下施打钢筋混凝土预制方桩,桩身尺寸 40 cm×40 cm,桩长 6 m,间距 1 m,降水后浇筑钢筋混凝土帽梁,帽梁宽 2 m,高 50 cm,将预制桩连成整体。墙前钢筋混凝土帽梁加固设计断面如图 5-13 所示。

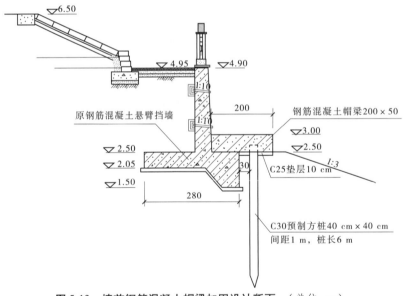

图 5-13　墙前钢筋混凝土帽梁加固设计断面 （单位:cm）

3. 稳定验算

稳定核算中桩顶位移按 10 mm 控制,每根预制桩桩顶能承担 11 kN 的水平承载力,将其水平承载力按阻滑力作用在挡墙底板上,各工况下挡墙的抗滑稳定系数均能满足规范要求。加固后护岸稳定验算成果见表 5-2。

表5-2　组合式老挡墙加固(D-6-b型)稳定验算成果

计算工况	水位组合(m)		偏心距 e(m)	地基反力(kPa)			不均匀系数		抗滑安全系数	
	墙前	墙后		P_{max}	P_{min}	P	η	$[\eta]$	K_c	$[K_c]$
完建期	2.05	3.50	0.04	42.02	35.20	38.61	1.19	2.50	1.34	1.25
正常运行期	3.80	4.30	0.11	37.48	22.98	30.23	1.63	2.00	1.25	1.25
运行高水位	4.90	4.90	-0.01	25.88	24.90	25.39	1.04	2.00	2.53	1.25
运行低水位	2.80	3.80	0.06	38.91	29.95	34.43	1.30	2.50	1.15	1.10
地震期	3.80	4.30	0.16	40.44	20.03	30.23	2.02	2.50	1.07	1.05

注:偏心距 e 为"+"表示偏趾前,否则表示偏踵后。

5.2.6.3　墙前打桩贴面加固(D-6-c 型)

对现状已建年久失修的浆砌块石挡墙,块石之间主要靠水泥砂浆黏结,结构整体性差,水位变幅区经常受水流淘刷的块石一旦松动,掉落,整个墙身就会破损,挡墙垮塌风险大,耐久性差。为了消除隐患,将现状不拆建但水位变幅区掏空的浆砌块石挡墙进行墙前打桩贴面加固处理。对集镇段或工矿企业段对景观要求一般的河段老挡墙采用墙前打桩贴面加固(D-6-c1 型),对非集镇段或景观要求比较高的河段老挡墙采用墙前打桩水上部分改建生态挡墙(D-6-c2 型)。该种结构型式已在望虞河拓浚工程河道整治工程中推广应用。

1.墙前打桩贴面加固(D-6-c1 型)

(D-6-c1 型)断面特性:墙前打桩贴面主要用于望虞河除险加固工程已实施过青坎加固挡墙段和青坎较窄的湖荡段,加固方案考虑在老挡墙墙前采用 C30 的 30 cm×30 cm 钢筋混凝土预制桩,桩长 5 m,间距 1.2 m,浇 C30 水下不分散混凝土出水面形成平台,考虑打桩时现状挡墙前趾长度需要避开,平台宽度定为 1.2 m,平台高程按多年平均水位加 20 cm 取 3.30 m,平台以上浇筑厚 0.2 m 钢筋混凝土至高程 3.50 m,再浇筑厚 0.3~0.8 m 覆面混凝土至高程 4.50 m,通过直径 14 mm、间距 50 cm 梅花形布置的锚筋将覆面混凝土与老挡墙连为整体,高程 4.50 m 平台及以上坡面设 10 cm 厚 C30 混凝土联锁块护面,护面下设 10cm 厚砂石混合垫层及 350 g/m² 土工布一层,详见图 5-14。

2.墙前打桩水上部分改建生态挡墙(D-6-c2 型)

1)断面特性

考虑景观生态效应,采用现有挡墙墙前打桩水上部分改建生态挡墙方案。即在老挡墙墙前打 C30 的 30 cm×30 cm 钢筋混凝土预制桩,桩长 5 m,间距 1.2 m,浇 C30 水下不分散混凝土出水面形成平台,平台高程在 3.50 m,宽 1.2 m,同时将高程 3.3 m 以上的老挡墙墙身拆除,浇筑 20 cm 厚 C20 素混凝土压顶找平至高程 3.50 m,找平后上部堆叠 C40 预制生态框,生态框尺寸为 2 m×1 m×0.5 m,分布两层。高程 4.50 m 平台及以上坡面设 10 cm 厚 C30 混凝土联锁块护面,护面下设 10 cm 厚砂石混合垫层及 350 g/m² 土工布一层。因加固段位于申张线三级航道段,墙前考虑采用 C20 系混凝土块软体沉排进行护砌,护砌底高程为 1.60 m,详见图 5-15。

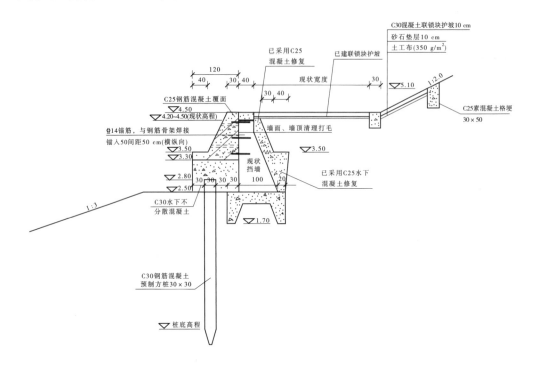

图 5-14 墙前打桩贴面加固设计断面 （单位:cm）

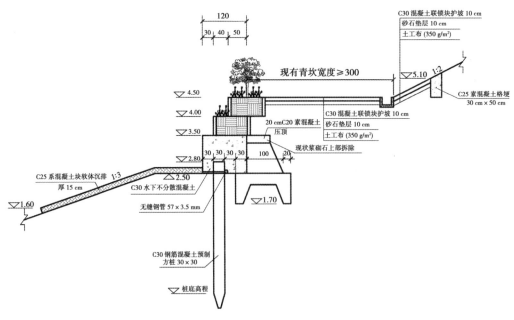

图 5-15 墙前打桩水上部分改建生态挡墙设计断面 （单位:cm）

2）稳定验算

维持现状的浆砌块石挡墙均采用墙前打桩的加固方案,预制方桩尺寸为 30 cm × 30 cm,间距 1.2 m,桩长 5 m,考虑墙前土受船行波影响淘刷等因素,桩底入原状土深度不小于 3 m。控制桩入土点深度不大于 10 mm,经计算单根桩能承受的水平力为 9 kN,分摊到每延米为 7.5 kN。

主河浆砌块石挡墙底板面高程 2.5 m,顶高程 4.5 m,前趾 0.3 m,底板厚 30 cm,底板宽 1.5 m。根据抗滑系数计算公式 $K_c = f \sum G / \sum H$,控制低水位、常水位、洪水位下的挡墙自重 $\sum G$ 分别为 51.6 kN、48.8 kN、32.96 kN,f 取值 0.4,相应工况下的 $\sum H$ 分别为 17.9 kN、15.6 kN、11.5 kN,墙前打桩将 $\sum H$ 减小,从而提高挡墙抗滑稳定系数 K_c,提高后的 K_c 值分别为 1.97、2.41、3.32,均大于规范规定值 1.30 m,满足要求。地震期荷载组合工况,考虑地震惯性力及动土压力影响,$\sum H$ 增加了 3 kN,地震期的 $K_c = 1.59$,上述四种工况下 K_c 均满足要求。

3）设计要点

（1）现状利用的浆砌块石挡墙原设计建筑物级别为 3 级,抗震设防烈度Ⅵ度。由于望虞河拓浚工程河道堤防级别提升为 2 级,抗震设防烈度提升为Ⅶ度,根据规范要求,基本组合和特殊组合Ⅰ安全系数允许值均提高了 0.05,设计时需验算复核加固后的挡墙断面在各工况下稳定计算成果是否满足规范要求。

（2）望虞河工程是太湖流域防洪骨干工程,河道流速相对较大,且为Ⅴ级航道。河道沿线土质以粉质黏土、砂壤土以及淤泥质土为主,河水流动、船行波、坡面径流冲刷易引起河道边坡冲蚀、坍塌。为保证工程的安全运行、效益的持续发挥,护砌工程处理遵循以下原则:①受河道拓浚影响,对现有护岸拆除重建;②除险加固工程已安排拆除重建的护岸维持现状;③现状墙体掏空、破损严重等完整性差的拆除重建;④现状轻微淘蚀、损坏等完成性较好的采取必要的加固措施。

（3）结合江苏护岸工程实践,通航河道主要依据行洪水流及风浪等因素、船行波的影响,分析确定岸坡防护范围。

①为保证护岸的运行安全,根据《上海市内河航道设计规范》（DG/TJ08－2116—2012）,护岸的防护结构顶高程不低于以下三者最高值:设计最高通航水位以上设计船行波爬高;设计最高通航水位以 1 倍设计船行波高;设计最高通航水位以上 0.5 m。

②护岸的防护结构底高程应根据设计船行波作用深度、土坡的抗冲性和防护结构型式确定。刚性防护结构的底高程不得高于设计最低通航水位以下 3 倍设计船行波波高,且不得高于设计最低通航水位以下 0.5 m。柔性防护结构的底高程不得高于设计最低通航水位以下 0.5 m,其宽度应根据最大允许冲刷底高程和最大允许冲刷坡度计算确定,最大允许冲刷底高程不得高于设计最低通航水位以下 3 倍设计船行波波高,最大允许冲刷坡度根据土质条件可取 1∶3 ~ 1∶5。

（4）按最高通航水位计算的护岸防护结构顶高程为 5.10 m,主河道利用的现状护岸顶高程为 4.5 m,高程 4.50 m 与护岸计算上限 5.10 m 之间采用联锁块进行护砌,顶部设 30 cm × 50 cm 的 C20 素混凝土格埂。

5.2.6.4　浆砌块石挡墙加固(D-6-d型)

对现状墙顶高程已满足防洪要求,墙体质量完好无损的已建浆砌块石挡墙,地质条件较好,河道疏浚整体边坡抗滑稳定计算均满足规范要求的,可考虑墙前增加护砌的简易加固型式(D-6-d1型);对地质条件较差,河道疏浚后整体边坡抗滑稳定计算或自身挡墙稳定计算不满足规范要求的,可考虑采用墙后灌注桩支护加固型式(D-6-d2型)。

1. 墙前坡面修整加固(D-6-d1型)

现有挡墙墙前预留不小于2 m宽的现状平台,对现状河坡进行修整后从上到下采用15 cm厚的C25素混凝土护坡10 cm厚黄砂垫层及350 g/m² 土工布一层,护砌防冲刷高程1.8 m及4.0 m处分别设置40 cm×60 cm、30 cm×50 cm的C25素混凝土格埂。墙前坡面修整加固设计断面如图5-16所示。

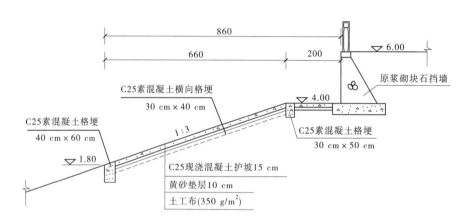

图5-16　墙前坡面修整加固设计断面

2. 墙后灌注桩加固(D-6-d2型)

1)断面特性

现状挡墙底板高程1.0 m,墙顶高程6.0 m,挡土高度达5 m,且根据现状地形看,墙后还有堆载,底板宽度仅3.8 m,原浆砌块石挡墙自身稳定及疏浚后的边坡稳定均不满足规范要求,需采取加固方案兼顾老挡墙稳定及边坡稳定。加固措施为:距离老挡墙墙后1 m处设置ϕ100灌注桩。为满足边坡稳定,灌注桩按抗滑桩考虑,经计算,桩长需17 m,桩间距2.5 m;为满足挡墙稳定,灌注桩设置于墙后,考虑其折减部分土压力的作用,经计算桩间距需3 m,将两种桩距取小值,最终灌注桩桩长采用17 m,桩间距采用2.5 m。同时对原码头挡墙临水面采用水泥砂浆抹面勾缝。墙后灌注桩加固设计断面如图5-17所示。

2)稳定验算

经稳定核算,加固后D-6-d2型挡土墙抗倾、抗滑安全系数均大于规范要求,在各种工况下均能符合 $P_{平均}<[f_{spk}]$、$P_{max}<1.2[f_{spk}]$ 的条件,满足地基承载力要求。护岸稳定验算成果见表5-3、表5-4。

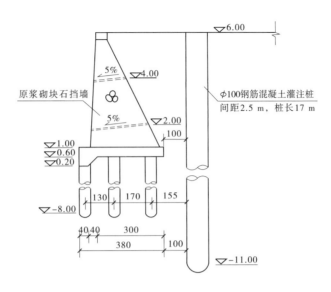

图 5-17　墙后灌注桩加固设计断面

表 5-3　挡墙稳定验算成果(加固后)

计算工况	水位组合(m)		地基反力(kPa)		不均匀系数		抗滑系数		抗倾系数	
	墙前	墙后	σ_{max}	σ_{min}	η	$[\eta]$	K_c	$[K_c]$	K_L	$[K_L]$
完建期	1.00	2.00	89.89	74.92	1.20	2.50	1.62	1.25	4.22	1.40
正常运行期	3.80	4.30	72.12	55.69	1.29	2.00	1.30	1.25	2.02	1.50
设计洪水位	5.00	5.00	62.21	55.16	1.13	2.00	1.90	1.25	1.79	1.50
设计低水位	2.80	3.80	78.62	58.32	1.35	2.50	1.16	1.10	2.30	1.50

表 5-4　边坡稳定验算成果(加固后)

工况	水位组合		最小安全系数 K_{min}	$[K_{min}]$
	堤前(m)	堤后(m)		
运行期 1	2.50	5.00	1.20	1.20
运行期 2	3.80	6.50	1.26	1.20
长降雨期	3.80	堤身饱和	1.17	1.05
地震期	3.80	6.50	1.10	1.05

加固后,挡墙和边坡稳定计算结果满足规范要求。

3.勾缝修补和青坎加固(D-6-d3 型)

水位变幅区轻微破坏的护坡将原有勾缝凿除,冲洗干净后,采用 M10 砂浆重新勾缝处理,局部块石剥落处采用 C25 素混凝土修葺;护坡顶高程沉降较大处采取坡面勾缝加固的同时采取青坎加固措施,青坎填高至高程 4.50 m,原浆砌块石护坡水上部分拆除后,采用 C25 素混凝土护坡护砌至高程 4.50 m,高程 4.50 m 平台及以上坡面高程 5.10 m 之前采用 10 cm 厚 C25 混凝土联锁块护面,护面下设 10 cm 厚碎石及黄砂垫层及 350 g/m² 土工布一层,顶部设 30 cm×50 cm 的 C25 素混凝土格埂,详见图 5-18。

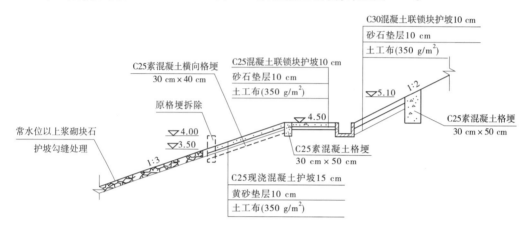

图 5-18　勾缝修补和青坎加固设计断面

5.2.6.5　硬质护岸保留利用(D-6-e 型)

1.适用条件

硬质护岸保留利用(D-6-e 型)适用于房屋临河修建在现状河道护岸上、护岸又不具备条件拆除重建的历史风貌区或市区集镇段河段。

2.断面特性

设计时可尽量保留现状护岸,墙前通过定植桩固定土平台,种植挺水植物以改善水质,在河道内设置多级跌水,使水流动,以达到曝氧的作用,同时达到小桥流水的江南水乡特色。该护岸案例已应用于嘉定菊园新区州桥古镇河道整治工程。硬质护岸保留利用设计断面见图 5-19。

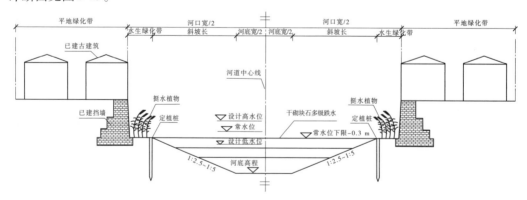

图 5-19　硬质护岸保留利用设计断面

3.优点与缺点

(1)整体美观性好。

(2)施工简单,应用广泛。

(3)能有效防止水土流失。

(4)仅适合景观河道。

(5)抗冲刷能力差。

5.2.7　老挡墙增设防洪墙类(D-7型)

对于现状挡墙较为完好但没有条件退后筑堤的河段,可考虑对现有护岸墙顶增设挡浪板/防洪墙,以满足防洪要求。根据现有挡墙所处环境不同,结合总体规划及环境整治要求,分段设计挡浪板型式。

对于质量较好或码头、企业段老挡墙主要考虑防洪功能,在拆除老挡墙顶部松散结构后钻孔、植筋再新建钢筋混凝土挡浪板(D-7-a型);由于现状二级挡墙为生态型透水结构,对于二级挡墙质量较差的河段,拆除二级挡墙并新建钢筋混凝土防洪墙或挡浪墙(D-7-c型);对于二级挡墙后紧临建设标准较好的市政或景观道路,拆除二级挡墙影响较大的河段,在一、二级挡墙间的平台部位新建钢筋混凝土墙上建挡浪板;中心城区段结合周边景观需要,考虑采用封闭石材挡浪板为主;对于现状地面不低于最高洪水位的部分,结合景观步道采用台阶式防洪墙进行处理(D-7-b型);对于紧邻路边、地势较低的老挡墙段采用U形钢筋混凝土底座上建挡浪板,底座内填土兼作护轮带及花坛(D-7-d型)。

5.2.7.1　老挡墙顶增设挡浪板(D-7-a型)

1.适用条件

对河道沿线现有挡墙顶高程不满足防洪标准的未拆迁码头、企业段,考虑墙后无法征地或征地范围较小,不具备筑堤条件,可采用老挡墙顶增设挡浪板型式(D-7-a型),即拆除老挡墙顶部破损部分并钻孔、植筋浇筑钢筋混凝土防洪墙/挡浪板至设计堤顶高程。在码头吊机回转区域范围,为不影响吊机作业,可预留缺口,汛期通过插板、沙袋等措施临时应急进行封堵。

2.断面特性

挡浪板底宽90~100 cm,厚25~40 cm,墙身厚30 cm,墙后底板宽度范围内垂直开挖1 m深后采用C20素混凝土填平,可局部拆除老块石。挡浪板底板与现状挡墙压顶间钻孔采用D14锚筋锚入老挡墙40 cm灌结构胶,顺水流向间距30 cm。实用案例为新沟河延伸拓浚工程五牧河、直湖港、漕河、武进港河道工程、京杭大运河(苏州段)堤防加固工程等。现状挡墙顶增设挡浪板设计断面见图5-20。

3.设计要点

(1)若墙后现状地面高程低于设计洪水位,挡浪板应按防洪墙设计以策安全。

(2)若墙后高水位时有严重渗水处应先初探渗径通道,分析原因,必要时采用素混凝土地连墙或灌浆等有效的防渗措施。

(3)植筋要求:采用专用结构胶进行植筋。施工工序要求:钻孔——宜采用取芯钻钻

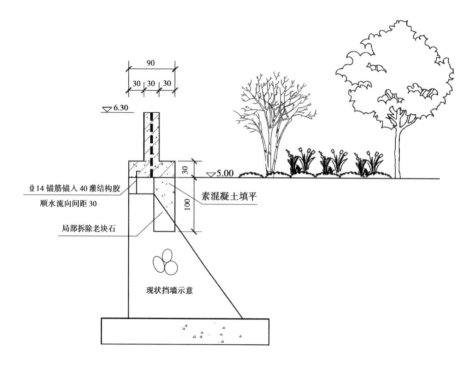

图 5-20 现状挡墙顶增设挡浪板设计断面 （单位：cm）

孔（植筋前，应利用钢筋探测仪探测原结构钢筋位置，避免伤及原结构钢筋；植筋间距较密处应跳孔分先后施工）；清孔——用气筒或压缩空气及毛刷清洁钻孔，直到干净无粉尘；灌胶——将植筋专用胶体从孔底逐渐向外注入孔中；锚固——将锚固钢筋缓缓旋入孔中，植筋后孔内胶液应充盈；固化——根据基材温度及环境条件，等待足够时间让胶体固化，待完全固化后方可进行负载安装。

（4）新老混凝土结合处锚筋应做抗拔试验，检测结果需满足设计要求。

（5）需依据《混凝土结构加固设计规范》（GB 50367—2006）中有关规定进行抗拔力计算。计算植筋基本锚固长度，主要跟混凝土强度等级、保护层厚度、箍筋直径与间距、锚筋直径等因素有关，满足了植筋长度的要求，就可以满足抗拔力≥钢筋抗拉强度的要求。

（6）当混凝土强度等级不低于 C40 时对抗剪强度最小值不低于 21 N/mm^2 的黏结剂，其植筋的系数 a 值乘以修正系数 0.9。

（7）当构件中的一个截面中有 30% 以上的受拉钢筋需与所植的钢筋搭接时，其植筋的基本锚固长度 I_b（或 $I_{b,d}$）应乘以放大系数 1.4 ~ 2.1。

（8）对现状挡墙迎水面表层局部损坏处应采用修补措施：对砌石挡墙破损段，应先拆除松动或脱落的块石，凿去四周风化或损坏的砌体灰浆，清洗干净后，用 MU40 毛石与 M10 砂浆，将拆除部分补强完整，并勾好灰缝，应做到新老砌体犬牙交错，坐浆安砌；对混凝土挡墙破损段，应先将损坏部位进行人工凿毛，清除洗净，再将 M20 水泥砂浆（用于破坏深度较浅处）或 C25（用于破坏深度较深处）素混凝土填塞到修补部位，反复压光后加以养护。

4.施工注意事项

弹线定位—钻孔—洗孔—钢筋处理—注胶—植筋—固化养护—抗拔试验—绑扎。用冲击钻钻孔,钻头直径应比钢筋直径大 4~8 mm,钢筋直径为 25 mm,钻头选用 φ32 的合金钻头。钻孔深度按照《混凝土结构加固设计规范》(GB 50367—2006)中提供的植筋基本锚固长度。洗孔是植筋中最重要的一个环节,因为孔钻完后内部会有很多混凝土灰渣垃圾,直接影响植筋的质量,所以孔洞应清理干净。可用空压机吹出浮沉,保证孔内干燥无积水。

清孔完成后方可注胶,灌注方式应不妨碍孔洞中空气排出。锚固胶要选用合格的植筋专用胶水,使钢筋植入后孔内胶液饱满,又不能使胶液大量外流,以少许黏结剂外溢为宜,孔内注胶达到孔深的 1/3。孔内注完胶后应立即植筋。将钢筋缓慢插入孔内,同时要求钢筋旋转,使结构胶从孔口溢出,排出孔内空气,钢筋外露部分长度保证工程需要。植筋施工完毕后 24 h 之内严禁有任何扰动,以保证结构胶的正常固化。

检测待植筋胶完全固化后,进行非破坏性拉拔试验,检测的数量是植筋总数的 10%。检测中,测力计施加的力要小于钢筋的屈服强度,大于设计部门提供的植筋设计锚固力值。

5.2.7.2　老挡墙 + 台阶式防洪墙(D - 7 - b 型)

1.适用条件

对中心城区段现有地面低于最高洪水位的部分河段,若做常规防洪墙,则由于高度较大,景观效果较差。设计时可以考虑结合景观步道建设采用老挡墙 + 台阶式防洪墙型式(D - 7 - b 型)。

2.断面特性

在老挡墙后增建 L 形钢筋混凝土防洪墙,由于防洪墙身高度较大,结合景观步道建设,将底板地面以上部分做成台阶式,可为市民健身休闲提供便利。防洪墙底板宽 2.3 m,底高程 4.60 m。底板上部铺设景观步道,墙顶 5.30 m 处设封闭石材挡浪板至防洪高程。由于下部老挡墙密实性较差,高水位时堤后地势低洼部位易渗水。为此,将墙后常水位以上土方挖除,重新回填水泥土分层夯实至现有地面标高。老挡墙 + 台阶式防洪墙设计断面如图 5-21 所示。实用案例为京杭大运河(苏州段)高新区、姑苏区、吴中区堤防加固工程等。

5.2.7.3　现状挡墙退后增设防洪墙(D - 7 - c 型)

1.适用条件

对老河拓浚段河道沿线部分跨河桥梁下部为拱型桥墩,拱腿大部分位处河口,不具备筑堤或墙顶植筋增设挡浪板的桥下空间段,设计时可考虑在现状挡墙顶退后 2 m 左右新建钢筋混凝土防洪墙以避开桥梁桥墩拱腿。该断面同样也适用于其他不具备直接在可利用的现状老挡墙顶增设挡浪板或防洪墙的河段。

2.断面特性

防洪墙底板面高程 4.40 m,厚 0.45 m,底板宽 1.6 m,墙顶高程 6.3 m,墙厚 0.4 m,底板下设 C25 素混凝土垫层 10 cm。现状挡墙退后增设防洪墙设计断面如图 5-22 所示。主要实用案例分布在京杭大运河(苏州段)相城区、高新区、姑苏区堤防加固工程等。

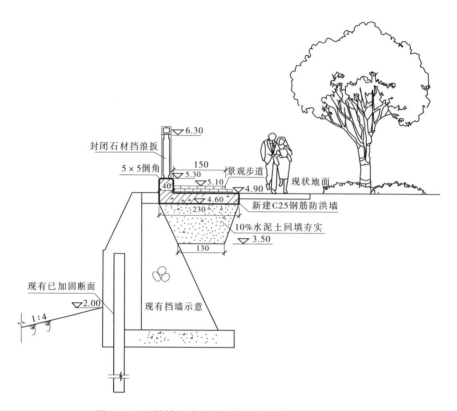

图 5-21 老挡墙+台阶式防洪墙设计断面 （单位：cm）

5.2.7.4 临路段老挡墙+U形花坛式防洪墙(D-7-d型)

1. 适用条件

部分紧邻现状道路的老挡墙,现状地面及墙顶高程均较低(部分墙顶低于最高洪水位),且可征地范围较小。若建防洪墙,则墙身较高,景观效果差。可考虑在原地面位置清杂后新建U形花坛式钢筋混凝土防洪墙,兼作花坛及道路边防撞墩,并在其顶部增设封闭石材挡浪板。

2. 断面特性

清障清杂至现状地面高程4.00 m后,距离现有驳岸40 cm新建U形花坛式钢筋混凝土防洪墙,底板面高程4.00 m,厚0.4 m,底宽1.7 m。临水侧前墙厚0.4 m,顶高程5.00 m,上设1 m高封闭石材挡浪板至防洪高程,后墙厚0.3 m,顶高程4.20 m,近地面高程处每隔3~5 m预留ϕ5(PVC)通水孔,前后墙间距1 m,中间填土种植花草。临路段老挡墙+U形花坛式防洪墙设计断面如图5-23所示。主要实用案例分布在京杭大运河(苏州段)堤防加固工程相城区、高新区、吴江区等。

5.2.7.5 现状挡墙+反L-A型防洪墙(D-7-e型)

1. 适用条件

实用案例在京杭大运河(苏州段)姑苏区堤防加固工程轮滑场体育看台段。新区狮山桥东北角体育公园轮滑场体育看台段设计堤顶高程6.3 m,现状地势较低,原有挡墙与地面同高,高程仅为4.8 m。该段驳岸在航道"四改三"整治工程中已由交通部门按老挡

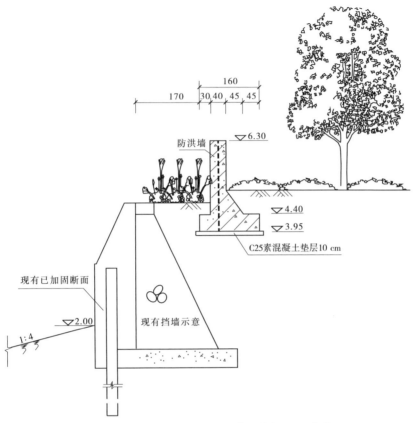

图 5-22　现状挡墙退后增设防洪墙设计断面　（单位：cm）

墙顶部增设 60 cm 挡浪板加固处理至高程 5.40 m。老挡墙河口线距离轮滑场体育看台约 10 m。根据前期对接、协调意见，设计方案不能影响轮滑场及看台，因此该段不具备老挡墙拆除重建条件。设计考虑防洪圈后移，以拟建轮滑场体育看台外河侧控制边线为界，新建反 L 形钢筋混凝土防洪墙与看台衔接。

2. 断面特性

现状挡墙顶部增设 70 cm 挡浪板，墙后整体地面抬高至 5.50 m，确保地面在设计洪水位以上。在距离老挡墙 10 m 处为规划轮滑场体育看台。沿看台边线新建钢筋混凝土反 L 形防洪墙，挡墙底板面高程 4.40 m，厚 0.45 cm，墙身顶高程 6.30 m，厚 0.45 cm，墙顶设金属栏杆。现状挡墙 + 反 L 形防洪墙设计断面如图 5-24 所示。

5.2.7.6　现状挡墙 + 反 L – B 型防洪墙（D – 7 – f 型）

1. 适用条件

实用案例在京杭大运河（苏州段）姑苏区堤防加固工程吴江区段经济开发区东岸运河公园以北段。该道"四改三"整治工程中采用 A 型护岸，二级挡墙墙后紧邻景观步道、市政道路或市民广场，路边绿化也已成规模。为了避免二级挡墙拆除时对现有道路或景观绿化的破坏，造成重复投资及不良的社会影响，可考虑在一、二级挡墙间增设反 L 形防洪墙。同时为了与周围景观配套，高程 5.0 m 以上增设封闭石材挡浪板栏杆。

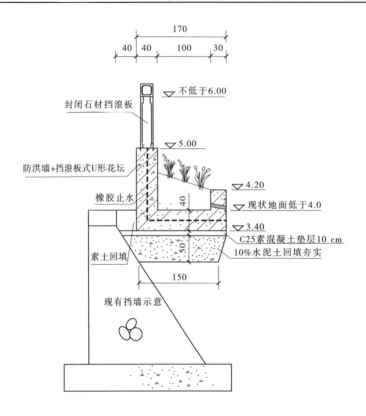

图 5-23　临路段老挡墙 + U 形花坛式防洪墙设计断面　（单位：cm）

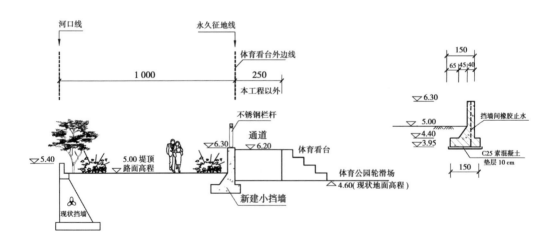

图 5-24　现状挡墙 + 反 L - A 型防洪墙设计断面　（单位：cm）

2. 断面特性

反 L - B 型防洪墙底板面高程 3.90 m，厚 0.4 cm，宽 1.1 m，墙身顶高程 6.30 m，宽 0.4 m，厚 0.45 cm，墙顶设封闭石材栏杆。反 L 形防洪墙 + 挡浪板设计断面如图 5-25 所示。

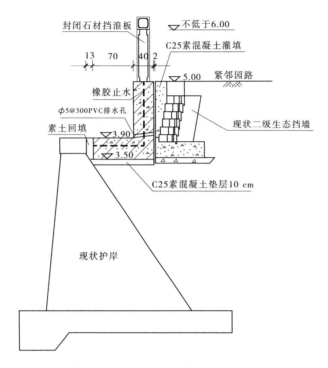

图 5-25　现状挡墙 + 反 L - B 型防洪墙设计断面　（单位:cm)

第 6 章　组合式护岸结构

6.1　组合式护岸（E 类）分类

由于传统的钢筋混凝土或素混凝土挡墙均为硬性护岸,随着生态环境及景观要求的日趋提升,护岸设计时可考虑在常水位以上将钢筋混凝土或素混凝土墙身替换为柔性生态挡墙或护坡,形成"直立挡墙 + 放坡"的组合断面型式。组合式护岸通常可分为钢筋混凝土挡墙 + 生态挡墙(格宾网箱、生态框等)、钢筋混凝土挡墙 + 联锁块护坡、素混凝土挡墙 + 二级护岸(互嵌式、仿木桩、夹石混凝土挡墙等)、钢筋混凝土挡墙(蘑菇石贴面) + 夹石混凝土挡墙、钢筋混凝土挡墙(野山石贴面) + 筑堤、木桩类组合护岸(木桩固坡 + 密排木桩、仿木桩、木桩花池 + 步道、双排木桩花池、绿化混凝土 + 砌石挡墙)、卵石平台护坡、箱型块体 + 防汛栏板、组合式挡墙 + 漫步植生平台、直立墙破拆 + 多级植生平台等多种断面型式。组合式挡墙护岸主要特征见表6-1。

表6-1　组合式挡墙护岸主要特征表

护岸结构类型	型式	断面名称	适用条件	主要优点	主要缺点
钢筋混凝土挡墙 + 生态挡墙（E－1 型）	E－1－a 型	钢筋混凝土挡墙 + 格宾网箱	江、湖、河、海堤防,公路、铁路的路基防护,山体滑坡及泥石流的整治保护工程中。成为保护河床、治理滑坡、防治泥石流、防止落石兼顾植被绿化、生态环境保护的首选结构型式。更适用于高流速、冲蚀严重、岸坡渗水多之河岸	①施工简便,缩短工期;②透水性强,整体性好;③生态环保,美观舒适;④河水自净能力强	①自身稳定性差;②网箱连接钢丝易挂拉;③对填充料要求较高;④后期管理养护要求高;⑤管理成本大
	E－1－b 型	钢筋混凝土挡墙 + 生态框护岸	水利工程、公路工程、山体保护与修复、景观园林等工程。更适用于相对较陡的河堤或河坡防护工程	①机械化施工,减少人力,缩短工期;②视觉效果好,产品外观多样,绿化成效好;③机动性强,能有效应对弯曲道路的施工和下沉等问题	①抗冲刷能力较差;②后期管理养护要求高;③管理成本大

续表6-1

护岸结构类型	型式	断面名称	适用条件	主要优点	主要缺点
钢筋混凝土挡墙+联锁块护坡(E-2型)	E-2型	钢筋混凝土挡墙+联锁块护坡	对河道两岸为连续农田、空旷用地或无拆迁限制条件可以通过筑堤防洪达标又有兼顾生态效应需求的河段	①生态环保,美观舒适; ②河水自净能力强; ③工程造价低; ④施工难度小	①生态效益一般; ②抗冲刷能力差; ③后期管理养护要求高; ④管理成本大
素混凝土挡墙+二级护岸(E-3型)	E-3-a型	素混凝土挡墙+互嵌式挡墙	一般地区、浸水地区和地震地区路基、路堑、边坡、堤防、护岸、码头、一般岸坡滑坍等工程。防护高度通常在8~12 m	①设计独特、装饰效果好结构性能良好; ②对周边环境污染少、工期短; ③施工难度小,成效快	①生态效益一般; ②后期管理养护要求高; ③管理成本大
	E-3-b型	素混凝土挡墙+仿木桩结构	一般地区、浸水地区和地震地区路基、路堑、边坡、堤防、护岸、码头、一般岸坡滑坍等工程。防护高度通常在8~12 m	①提升河道整体景观,美化环境; ②代替松木桩,节约木材资源; ③与挡土墙配合使用,保护河堤安全	①生态效益弱; ②后期管理养护要求高; ③管理成本大; ④河流自净能力低
	E-3-c型	素混凝土挡墙+夹石混凝土小挡墙	一般地区、浸水地区和地震地区路基、路堑、边坡、堤防、护岸、码头、一般岸坡滑坍等工程。防护高度通常在8~12 m	①抗冲刷能力强; ②施工简单,应用广泛; ③造价较低	①生态效益差; ②河流自净能力低; ③加剧城市热岛效应
钢筋混凝土挡墙(蘑菇石贴面)+夹石混凝土挡墙(E-4型)	E-4型	钢筋混凝土挡墙(蘑菇石贴面)+夹石混凝土挡墙	规划陆域用地有保障的、缺乏石料的现状驳岸拆除重建段及其他填方路(渠)堤、岸坡防护等有景观要求的河段挡墙	①抗冲刷能力强; ②施工简单,应用广泛; ③耐久性好; ④外观效果好	①石料采购难度大; ②受人工技术水平制约,工程造价不具优势且施工质量较难控制,应用数量正逐渐减少; ③加剧城市热岛效应

续表 6-1

护岸结构类型	型式	断面名称	适用条件	主要优点	主要缺点
钢筋混凝土挡墙(野山石贴面)+筑堤(E-5型)	E-5型	钢筋混凝土挡墙(野山石贴面)+筑堤	规划陆域用地有保障的、缺乏石料的现状驳岸拆除重建段及其他填方路(渠)堤、岸坡防护等有景观要求的河段挡墙	①抗冲刷能力强;②施工简单,应用广泛;③耐久性好;④外观效果好	①加剧城市热岛效应;②受人工技术水平制约,工程造价不具优势且施工质量较难控制,应用数量正逐渐减少
木桩类组合护岸(E-6型)	E-6-a型	木桩固坡+密排木桩	现状堤顶绿化及市政配套较好,道路建设标准较高,可以保留或利用的,或者陆域控制有保护,紧邻厂区、厂房及现有道路的无通航要求的各类河道	利用密排仿木桩或仿木桩与插板结合结构,既能挡土,又能消除风浪,达到岸坡防护的目的。桩与桩之间有缝隙,具有透气、透水的优点。仿木桩护岸能与周边景观相融合与协调	木桩在水位变幅区容易腐烂,耐久性差,不适宜用于流速较大、人群密集的河道
	E-6-b型	仿木桩式护岸			
	E-6-c型	木桩花池+步道护岸			
	E-6-d型	双排木桩花池护岸			
绿化混凝土+砌石挡墙(E-7型)	E-7型	绿化混凝土+砌石挡墙	陆域控制有保障或现有硬质护岸的行洪、通航、圩内排水骨干河道	①生态环保,美观舒适;②施工简单,造价较低;③河道自净能力强;④与周边景观协调性好	①抗冲刷能力较弱;②仅适用于非通航河道
卵石平台护坡(E-8型)	E-8型	卵石平台护坡	陆域控制有保障,无通航要求的支级河道		
鱼巢式砌块护岸(E-9型)	E-9型	鱼巢式砌块护岸	规划陆域用地有保障的流域行洪骨干河道	①生态环保,美观舒适;②河道自净能力强;③与周边景观协调性好	①抗冲刷能力较弱;②仅适用于非通航河道

续表 6-1

护岸结构 类型	型式	断面 名称	适用条件	主要优点	主要缺点
格宾挡 墙＋漫步植 生平台护岸 （E-10 型）	E-10 型	格宾挡墙＋ 漫步植生 平台护岸	规划陆域用地有 保障的流域行洪骨 干河道	①生态环保，美观 舒适； ②与周边景观协 调性好； ③结构安全性好	①抗冲刷能力较 弱； ②工程造价较高
现状挡墙 上部凿除 ＋多级植 生平台护岸 （E-11 型）	E-11 型	现状挡墙 上部凿除＋ 多级植生平台 护岸	流域行洪不通航 支级河道，紧邻市政 道路、园路、乡村小 道或者居民小区内 人车通道		

6.2　组合式护岸设计案例

6.2.1　钢筋混凝土挡墙＋生态挡墙（E-1 型）

L 形钢筋混凝土悬臂挡墙整体性好,抗冲、抗损强度高,使用年限长,材料用量少,施工周期快。由于钢筋混凝土挡墙为硬性护岸,生态景观效果差,随着水生态文明建设及景观需求的日益提升,通常考虑将常水位上钢筋混凝土墙身替换为柔性生态挡墙。柔性生态岸坡防护设计中尽量采用有利于植物生长的多孔透水材料,特别是采用当地天然材料,以保证水、土、气之间的相互联系,保持河流的横向连通性,并减小发生生物入侵现象。利用柔性网络及植被根系和枝茎的生态自适应性,形成一体化的变形自适应柔性防护体系,增强岸坡整体抗剪切、抗膨胀、抗冻融、抗冲刷能力,同时实现环境的绿化美化。目前常用的柔性生态挡墙主要有格宾网箱（E-1-a 型）、生态框护岸（E-1-b 型）等几种。

（1）适用条件:E-1-a 型格宾网箱与 E-1-b 型生态框护岸均为生态型护岸型式,广泛适用于水利工程(生态河道、水土保持、水库、公园湖泊等)、公路工程(路基边坡、挡土墙、生态隔离带等)、山体保护与修复(矿山复绿、山体复绿、植被恢复等)、景观园林(人工园林、景观河道、住宅边坡、挡土墙等)以及坡体坍塌抢修紧急处理、道路两侧倾斜面治理、自然保护区、河湖海岸的防护堤等。可以减缓水流流速、减少洪涝灾害,能够抵抗山体滑坡有效防止水土流失、消波抗震等。E-1-a 型格宾网箱更适用于土质或地基基础较差地段修建的防护工程,适用于高流速、冲蚀严重,岸坡涌水多的缓河岸。E-1-b 型生态框护岸更适用于相对较陡的河堤或河坡防护工程。实用案例为东太湖堤防加固工程、三江源、长江、黄河护堤及三峡库区滑波治理、七浦塘拓浚延伸工程太仓市迷泾段河道整治工程、盐铁塘河道整治工程等水利工程,沪杭高速、马莱高速及国道 217 线、315 线等重大公路工程,应用效果均为良好。

（2）优点与缺点。

①E-1-a型格宾网箱。

a.适应性强：生态格网工艺以钢丝网箱为主体，为一柔性结构，能适应各种土层性质并与之较好的结合，能很好地适应地基变形，不会削弱整体结构，更不易断裂破坏。

b.透水能力强：生态格网工艺可使地下水以及渗透水及时地从结构填石缝隙中渗透出去，能有效解决孔隙水压力的影响，利于岸（堤、路、山）坡的稳定。

c.结构整体性强：生态格网网片是由机械编织成双绞、蜂巢形孔网格，即使一两条丝断裂，网状物也不会松开。有其他材料不能代替的延展性，大面（体）积组装，不设缝，整体性强。

d.施工方便易组合：可根据设计意图，工厂内制成半成品，施工现场能组装成各种形状。

e.美化环境、保持生态：网箱砌体石缝终会被土填充（人工或自然），植物会逐渐长出，实现工程措施和植物措施相结合，亦绿化美化景观，形成一个柔性整体护面，恢复建筑的自然生态。结构填充料之间缝隙可保持土体与水体之间的自然交换功能，同时也利于植物的生长，实现水土保持和自然生态环境的统一。

f.对网箱填充料要求较高：填充料需满足抗风化、不溶解、具有一定强度、粒径大于网孔的要求。若水流流速过高，充填的块石质地不够坚硬或体积较小，随着水流的不断冲蚀，块石之间不断摩擦，体积不断减少，最终容易导致填充块石从石笼网孔中流出。

g.耐久性差：格宾网箱是将抗腐蚀、耐磨损、高强度的低碳高镀锌钢丝，用六角网捻网机编织成平面网格状，在施工现场组装成不同尺寸规格的网箱或网垫。生态格网网丝虽经双重防腐处理，有一定的抗氧化作用，但长期网箱外露，容易出现金属锈蚀、塑料网格老化、合金性能降低等一系列问题，影响格宾网箱的抗腐耐磨性。但钢丝缠绕处和钢丝笼连接处的强度很难保证，石笼的破裂通常不是由于金属线的老化锈蚀造成的，而主要由于石笼中石头在水流作用下不断摩擦金属网，从而导致石笼格网的破裂。因此，格宾网箱的耐久性相比其他生态型护岸要差一些。

h.使用年限不长：外露网格容易被破坏，网内松散的石头容易掉出网外，影响挡土墙安全。钢丝笼金属、合金网格的切断端部非常尖锐，网箱连接钢丝容易挂拉，亲水活动和攀爬自救的人容易受伤害，严重的甚至会造成整个挡墙的破坏，影响其使用年限。

i.抗冲刷能力弱，管理养护要求高，成本大。

②E-1-b型生态框护岸。

a.产品外观多样。生态框可根据不同功能要求分为平铺式、阶梯式、生态式等多种类型。经制模、浇铸成型、蒸汽养护等工艺，生态框强度等级达到不小于 C35 混凝土标准。

b.机械化干法施工，减少人力，缩短工期。墙后雨水均匀渗透，金属螺杆水平连接，结构更稳固，更利于对中小河流的治理，让水更清，让岸更绿。

c.植被盖度达到 95% 以上，减少土壤流失 90% 以上，水土保持效益和绿化效果非常显著，采用仿石材孔洞设计，有效地保护水微生物生长繁殖。

注：植被盖度，也称为优势度，是指植物群落总体或各个体的地上部分的垂直投影面积与样方面积之比的百分数。它反映植被的茂密程度和植物进行光合作用面积的大小。

d.视觉效果好，绿化成效好；在满足混凝土的强度和耐久性要求的基础上，更进一步协调生态平衡,改善环境问题。除了起到高强护堤作用,还因自身良好的亲水性,得以实现植物和水中生物在其中的生长,真正起到净化水质、美化景观和完善生态环境等多重功能。

e.机动性强,能有效应对弯曲道路的施工和下沉等问题。

f.增强水土交换,提高水体自净能力。整体性比较好,有较强的适应地基变形能力。

g.抗冲刷能力弱,管理养护要求高,成本大。

6.2.1.1　钢筋混凝土挡墙 + 格宾网箱(E - 1 - a 型)

1.断面特性

底板面高程 2.0 m,高程 2.0 ~ 3.0 m 为 L 形直立式钢筋混凝土挡墙,挡墙分缝处设 40 cm 宽的 350 g/m² 无纺土工布一层。兼顾考虑生态效果,高程 3.0 ~ 4.2 m 为格宾网箱挡墙,墙前齿坎底高程 0.9 m,底板厚 0.5 m,底板宽 3.8 m。为防止回填的砂砾流失,格宾网箱墙后设置 350 g/m² 无纺土工布,施工折边不小于 0.3 m。网箱后设水平加筋土工格栅,土工格栅采用聚丙烯双拉塑料格栅。

网箱内填料要求:容重要求达到 18 ~ 19 kN/m³,填石为 MU30 以上硬质岩质块石或卵石,应控制 8 ~ 25 cm 粒径达到 80% 以上。

格宾网箱原材料标准要求:钢丝为重镀锌覆塑,镀锌量不小于 245 g/m²,覆塑厚度不小于 0.5 mm;钢丝的抗拉强度应为 350 ~ 500 MPa,延伸率不能低于 10%。

镀锌层的黏附力:当钢丝绕具有 4 倍钢丝直径的心轴 6 周时,用手指摩擦钢丝,其不会剥落或开裂。

覆塑指标:灰色、比重 1.35 ~ 1.4 kg/dm³、硬度 90 ~ 100(邵氏硬度 A 型);抗拉强度不低于 20.6 MPa;断裂延伸率不低于 200%。

重量损失:温度 105 ℃,24 h 后,重量损失小于 5%。

残余灰烬:小于 2%。

钢筋混凝土挡墙 + 格宾网箱设计断面如图 6-1 所示,整治效果见图 6-2。

2.稳定验算

经稳定核算,钢筋混凝土挡墙 + 格宾网箱护岸抗倾、抗滑安全系数均大于规范要求,在各种工况下均能符合 $P_{平均} < [f_{spk}]$、$P_{max} < 1.2[f_{spk}]$ 的条件,满足地基承载力要求。护岸稳定验算成果见表 6-2。

表 6-2　钢筋混凝土挡墙 + 格宾网箱(E - 1 - a 型)稳定验算成果

计算工况	水位组合		偏心距 e (m)	地基反力 (kN/m²)			不均匀系数(<)		抗滑系数(>)	
	墙前	墙后		P_{max}	P_{min}	$P_{平均}$	η	$[\eta]$	K_c	$[K_c]$
完建期	2.00	3.20	-0.078	55.69	42.88	49.29	1.30	2.00	1.65	1.25
正常水位	3.00	3.50	-0.134	52.62	33.38	43.00	1.58		1.54	
设计洪水位	3.95	4.20	-0.178	45.72	24.79	35.26	1.84		1.34	
控制低水位	2.50	3.50	-0.070	50.79	40.21	45.50	1.26	2.50	1.38	1.10
强降雨水位	3.50	4.00	-0.113	45.57	31.15	38.36	1.46		1.27	

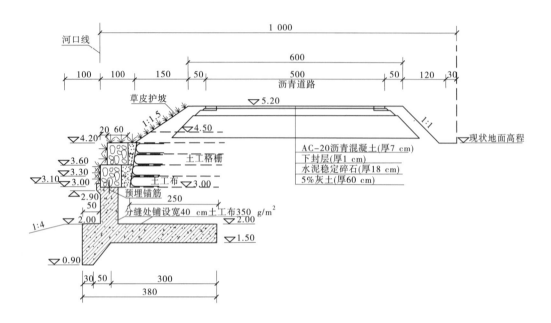

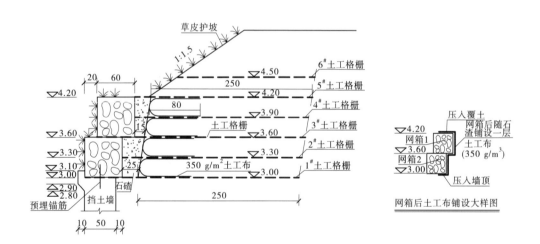

挡墙顶部土工织物结构大样图

图 6-1 钢筋混凝土挡墙 + 格宾网箱设计断面

图 6-2　格宾网箱护岸整治效果

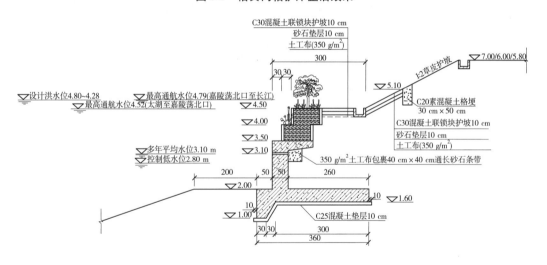

图 6-3　钢筋混凝土挡墙 + 生态框护岸设计断面　（单位:cm）

6.2.1.2　钢筋混凝土挡墙 + 生态框护岸(E - 1 - b 型)

1. 断面特性

底板面高程 2.0 m,底板厚 0.4 m,宽 3.6 m,临水侧设混凝土齿坎,齿坎上底宽 0.6 m,齿坎下底宽 0.3 m,坎底高程 1.0 m,高程 2.0 m 以上为挡墙墙身,顶宽 0.5 m,顶高程 3.50 m,高程 3.50 ~ 4.50 m 处墙身由 C40 预制生态框替代,生态框尺寸为 2 m × 1 m × 0.5 m,分布两层。墙体纵向每 10 m 设置一道沉降缝,缝内嵌填聚乙烯低发泡板,墙身设 ϕ 5 cm PVC 排水孔,间距 2 m,墙身排水孔后设 40 cm × 40 cm 通长袋装砂石滤层。钢筋混凝土挡墙 + 生态框护岸设计断面如图 6-3 所示,整治效果见图 6-4。

图 6-4　生态框护岸整治效果

2.稳定验算

经稳定核算,钢筋混凝土挡墙 + 生态框护岸抗倾、抗滑安全系数均大于规范要求,在各种工况下均能符合 $P_{平均} < [f_{spk}]$、$P_{max} < 1.2[f_{spk}]$ 的条件,满足地基承载力要求。护岸稳定验算成果见表 6-3。

表 6-3　钢筋混凝土挡墙 + 生态框护岸(E-1-b 型)稳定验算成果

计算工况	水位组合(m)		偏心距 e (m)	地基反力(kPa)			不均匀系数		抗滑安全系数		抗倾安全系数	
	墙前	墙后		P_{max}	P_{min}	P	η	$[\eta]$	K_c	$[K_c]$	K_0	$[K_0]$
完建期	2.00	3.10	0.09	50.75	37.43	44.09	1.36	2.00	1.41	1.30	3.53	1.50
正常水位	3.10	3.60	0.12	45.34	30.62	37.98	1.48	2.00	1.36	1.30	2.46	1.50
设计低水位	2.80	3.60	0.14	48.12	30.01	39.07	1.60	2.50	1.25	1.15	2.54	1.50
水位骤降	4.00	4.50	0.22	42.10	19.69	30.90	2.14	2.50	1.15	1.15	1.75	1.40
地震	3.10	3.60	0.13	46.48	29.49	37.98	1.58	2.50	1.27	1.05	2.42	1.40

3.设计要点

(1)格宾网箱或生态框挡土墙设计时应重点说明如下几点:填充材料相关指标或要求、根据地质情况选择合适的断面结构(重心后倾式、重心前倾式、宝塔型)、明确施工方法、进行安全稳定分析等。

(2)框格或网箱内填充料需满足抗风化、不溶解、具有一定强度、粒径大于网孔的要求,应控制8～25 cm粒径达到80%以上。否则水流流速过高,充填的块石质地不够坚硬或体积较小,随着水流的不断冲蚀,块石之间不断摩擦,体积不断减少,最终会从石笼网孔中流出。

4.施工注意事项

1)E-1-a型格宾网箱

(1)基坑开挖时必须根据设计文件,对有关数据、资料及施工图中的尺寸进行检验;应指定专人负责测量工作并及时提供测量资料。

(2)应根据总平面布置图中定位点坐标确认网箱位置,并在控制点拉线以确认网箱平面位置。施工中对借用或设置的施工控制标志、高程点必须严加保护,并定期检测、校正。

(3)施工时先将格宾网箱的侧面和隔板支起,确保各片在准确的位置,绑扎格宾网箱的4个角,然后捆扎格宾网箱的每个需要缝合的边,绑扎可以采用绑扎丝或金属环扣,用绑扎丝或者金属环扣将隔片和网身进行连接,然后装入石块,再和相邻的格宾网箱连接。

(4)土工格栅与网箱连接点沿河道轴线方向每米不少于5个,用双股组合扎丝绞绕、绑紧。施工土工格栅上需覆土30 cm后方能碾压,靠近格宾挡墙1 m范围内采用平板夯或人工夯。

(5)每层网箱封盖完成后,检查完高程是否符合设计要求后方可进行顶部一层网箱的施工。

2)E-1-b型生态框护岸

(1)生态框护岸挡土砌块施工时,按照准备、挖掘、基础、制品的搬运与保管、安装、填充、回填、挡板的拆卸等施工顺序,拟定好安全、顺利、深入的施工计划。

(2)挖掘机挖掘时不能挖过施工基准面以下,选择挖掘机时要充分考虑挖掘机的噪声、震动等对周边地区的影响。

(3)在无法截止水流的情况下,应使用潜水泵,确保在干燥状态下进行施工。

(4)地下有管线的情况下,确认其位置,周边用人力挖掘,对露出的管线采取必要的措施,以免其被伤害。

(5)制品之间的水平方向接口是用连接螺栓,从下游开始施工。

(6)障碍物周边地区施工时,充分做好障碍物的检查工作,在不损伤现有构造物的前提下安全慎重的施工。

6.2.2　钢筋混凝土挡墙+联锁块护坡(E-2型)

6.2.2.1　适用条件

对河道两岸为连续农田、空旷用地或无拆迁限制条件可以通过筑堤防洪达标又有兼顾生态效应需求的河段,可以采用新建L形钢筋混凝土挡墙+联锁块生态护坡的断面型式。实用案例为新沟河延伸拓浚工程东支漕河段河道整治、东支五牧河河道整治、新孟河延伸拓浚工程漕桥河段河道整治等工程,应用效果良好。

6.2.2.2　优点与缺点

联锁块护坡结构设计独特,具备自锁定装置和波浪孔槽,穿插紧密,铰接结实,具有可变性并可以进行调整,若是坡面变形或塌陷,施工人员可以揭开坡面进行修护。护砖孔隙内可种植有净化功能的植被,有助于水土保持,对漂浮物或垃圾直接流入河道起到隔绝作用,还可以提升河水的自净能力。但其抗冲刷能力相对较差,绿化效果一般且适应不均匀沉降能力较大,后期管理养护要求高,成本大。

6.2.2.3　断面特性

河底高程 −1.0 m,边坡 1:2.5,在高程 2.0 m 处设置 2 m 宽平台,平台后为 L 形钢筋混凝土直立挡墙护岸,底板面高程 2.0 m,底板厚 0.5 m,墙身厚 0.4 m,护岸顶高程 4.6 m,高程 4.6 m 处留 2 m 宽平台后以 1:2 边坡接至堤顶高程 6.5 m,平台及以上设 10 cm 厚联锁块护坡,坡面下设 350 g/m² 土工布一层,堤顶道路宽 5 m,边坡 1:2 接至现状地面。

6.2.2.4　设计要点

(1)通航河道中设置此断面时,护岸顶高程确定需综合最高通航水位,不宜低于最高通航水位。

(2)堤顶需设安全护栏或平台处设置耐淹水生植物。

(3)考虑生态多样性,坡面可选择联锁块护坡、格宾网垫护坡、生态袋护坡等多种坡面型式。

(4)坡面需进行找平设计后再铺设联锁块护坡,对贴坡处理应明确处理原则并补充设计大样图。

(5)护砖孔隙内设计可采用素土回填后洒草籽或者种植具有净化功能的植被兼顾生态效应,但对后期管养要求较高。也可采用无砂混凝土填充,透水性能好,又能保证坡面平整。

6.2.2.5　施工注意事项

(1)施工前应先对坡面杂草等障碍物进行清除,并先铺一层土工布后采用砂石混合垫层进行坡面找平处理后再铺联锁砖,坡脚处土工布铺设时应压入平台处格埂底部以避免土体颗粒被带出。

(2)生态砖在运输装车时应该立着放置以减少对护砖的损坏率。卸货时注意将护砖放于平整地面,且高度不超过 1 m。

(3)铺设生态护砖时可用木板进行输送,用滑动的方式把护砖从上方运移至下方以提高铺设效率。

钢筋混凝土挡墙 + 联锁块护坡设计断面如图 6-5 所示,实施照片见图 6-6,整治效果见图 6-7。

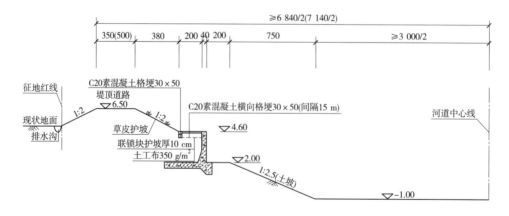

图 6-5　钢筋混凝土挡墙 + 联锁块护坡设计断面 （单位:cm）

图 6-6　钢筋混凝土挡墙实施照片

图 6-7　钢筋混凝土挡墙 + 联锁块护坡整治效果

6.2.2.6　稳定验算

经稳定核算,悬臂式挡土墙抗倾、抗滑安全系数均大于规范要求,在各种工况下均能符合 $P_{平均} < [f_{spk}]$、$P_{max} < 1.2[f_{spk}]$ 的条件,满足地基承载力要求。护岸稳定验算成果见表6-4。

表 6-4　钢筋混凝土挡墙 + 联锁块护坡(E-2型)稳定验算成果

计算工况	水位组合(m)		偏心距 e (m)	地基反力(kPa)			不均匀系数		抗滑安全系数		抗倾安全系数	
	墙前	墙后		P_{max}	P_{min}	P	η	$[\eta]$	K_c	$[K_c]$	K_0	$[K_0]$
完建期	1.60	3.20	0.067	49.43	40.59	45.01	1.22	2.00	1.29	1.25	3.51	1.40
正常运行期	3.20	3.70	0.085	43.18	33.93	38.56	1.27	2.00	1.26	1.25	2.45	1.50
设计洪水位	5.25	5.50	0.145	37.17	24.64	30.90	1.51	2.00	1.30	1.25	1.54	1.50
设计低水位	2.50	3.20	0.059	46.46	39.96	43.21	1.16	2.00	1.34	1.25	3.21	1.50

6.2.3　素混凝土挡墙 + 二级护岸(E-3型)

素混凝土挡墙 + 二级护岸(E-3型)广泛用于具备条件拆除重建、具有石料来源的一般地区、浸水地区和地震地区路基、路堑、边坡、堤防、护岸、码头、一般岸坡滑塌等工程,防护高度通常在 8 ~ 12 m。主要采用二级护岸组合结构型式,其中一级护岸采用素混凝土挡墙,二级护岸可针对不同的地形、地质等条件分别选用互嵌式挡墙(E - 3 - a 型)、钢筋混凝土仿木桩结构(E - 3 - b 型)及钢筋混凝土小挡墙(E - 3 - c 型)等型式。该种结构型式已在苏南运河苏州市区段三级航道整治工程中应用,效果良好。

6.2.3.1　素混凝土挡墙 + 互嵌式挡墙(E - 3 - a 型)

1. 断面特性

E - 3 - a 型一级护岸结构底板采用 C25 素混凝土,底板顶高程为 - 1.2 m(85 黄海高程),宽 4.2 m,厚 0.5 m,底板前、后趾悬挑长度分别为 0.5 m、1.2 m,在底板后趾内下部设置一层横向 Φ 12@330 纵向 Φ 8@300 钢筋网;墙身采用 C25 素混凝土,临水面后倾斜率为 10:1。压顶采用 0.3 m × 0.52 m(高 × 宽)的 C25 混凝土压顶,压顶临水侧伸出墙身 2 cm,压顶与墙身间设置 Φ 16 的插筋进行连接;护岸顶高程为 2.0 m,护岸临水侧设置凹缝图案。在墙身临土侧 0.0 m 处设置 ϕ75 斜率5% 横向排水管一道(间距 3 m),与墙后 ϕ 100 的纵向排水管相连。高程 2.0 ~ 3.3 m 为混凝土自嵌块二级护岸,混凝土自嵌块基础采用厚 0.3 m、宽 1.0 m 的 C25 素混凝土,下设 10 cm 厚的碎石找平层。墙身采用 7 层自嵌块叠合而成,墙身后仰 12°,自嵌块体尺寸为 0.40 m × 0.35 m × 0.15 m(长 × 宽 × 高),墙身临土侧设置 0.3 m 厚的碎石倒滤层。块体顶部设置 0.35 m × 0.32 m(宽 × 高)C25 混凝土压顶。该结构顶高程为 3.3 m(黄海高程),墙身上设置 2 道双向土工格栅拉筋。

自嵌式景观挡土墙是加筋土挡土结构的一种形式,这种结构是一种新型的重力式结构,它主要依靠挡土块块体、反滤土工布包裹、分层铺设土工格栅和填土夯实通过土工格栅和锚固刚连接构成的复合体自重来抵抗动静荷载,达到稳定的作用。干垒挡土墙是近年来在欧、美和澳大利亚等地迅速发展起来并广泛应用的新型柔性结构重力式挡土墙,因其独特的设计、丰富的装饰效果、便捷的施工和良好的结构性能,广泛用于园林景观、高速公路、立交桥和护坡、小区水岸等,比传统的混凝土和浆砌块石容易施工,并且美观、耐久。实用案例在南水北调东线宿迁段、扬州新城河工程、扬州沿山河整治、南京滁河支流撤洪河、苏州杨家港河闸、上海苏州河二期整治工程、无锡城市防洪河道改造工程惠巷浜、泰州老许庄河、南京汤山水库等工程中广泛应用,效果良好。

素混凝土挡墙 + 互嵌式挡墙设计断面如图 6-8 所示。

2. 稳定验算

计算工况考虑两种,即持久状况和短暂状况。持久状况采用设计高水期和设计低水期;短暂状况采用完建期。在设计低水位工况时,墙后水位在设计最低通航水位以上 0.5 m,在设计高水位工况时按设计最高通航水位以上 0.1 m 考虑。计算工况水位组合详见表6-5。

表6-5　计算工况水位组合　　　　　　　　　　　　　　　(单位:m)

计算工况	墙前水位(m)	墙后水位(m)
高水期	2.4	2.5
低水期	0.6	1.1
完建期	护岸底板顶高程	墙后下层排水管中心高程

根据《港口航道护岸工程设计与施工规范》(JTJ 300—2000)要求,护岸结构计算包括护岸结构抗滑稳定性、抗倾覆稳定性验算及地基承载力计算;经计算,护岸结构(部分段落经

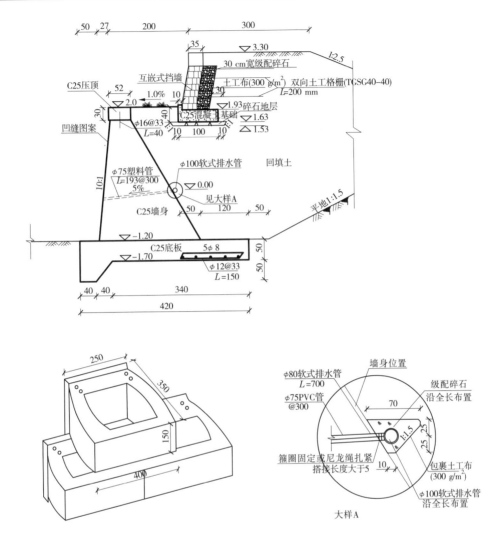

图 6-8　素混凝土挡墙 + 互嵌式挡墙设计断面　（单位：cm）

过地基处理后）在各工况下抗滑稳定性、抗倾覆稳定性以及地基承载力均满足规范要求。具体详见表 6-6、表 6-7。

表 6-6　素混凝土挡墙 + 互嵌式挡墙稳定验算成果

低水运用期	抗滑稳定性	滑动力设计值（kN）	78.2
		抗滑力设计值（kN）	88.6
	抗倾稳定性	倾覆力矩设计值（kN·m）	378.2
		稳定力矩设计值（kN·m）	744.1
高水运用期	抗滑稳定性	滑动力设计值（kN）	56.6
		抗滑力设计值（kN）	64.0
	抗倾稳定性	倾覆力矩设计值（kN·m）	517.1
		稳定力矩设计值（kN·m）	756.9

续表 6-6

完建期	抗滑稳定性	滑动力设计值(kN)	92.6
		抗滑力设计值(kN)	104.3
	抗倾稳定性	倾覆力矩设计值(kN·m)	273.5
		稳定力矩设计值(kN·m)	736.6

表 6-7 素混凝土挡墙 + 互嵌式挡墙地基应力成果

低水运用期	σ_{max}(kPa)	62.5
	σ_{min}(kPa)	47.6
高水运用期	σ_{max}(kPa)	42.0
	σ_{min}(kPa)	37.5
完建期	σ_{max}(kPa)	72.8
	σ_{min}(kPa)	56.8

6.2.3.2 素混凝土挡墙 + 仿木桩结构(E-3-b 型)

1. 断面特性

一级护岸结构除底板宽 4.1 m 外,其余尺寸同 E-3-a 型。二级护岸采用仿木桩结构,该结构基础采用厚 0.3 m、宽 1.2 m 的 C25 钢筋混凝土槽型基础,基础下设 10 cm 厚的碎石找平层,上部为 C25 钢筋混凝土仿木桩墙身,桩顶高程 3.3 m(黄海高程,下同),墙后填土高程 2.9 m。

素混凝土挡墙 + 仿木桩设计断面如图 6-9 所示。

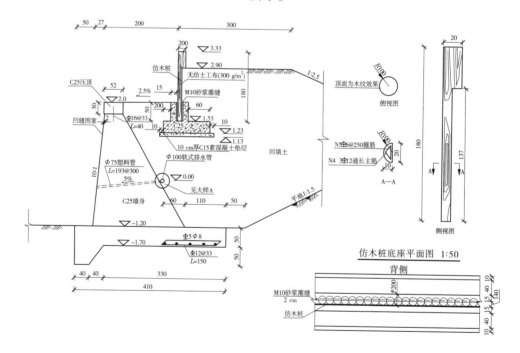

图 6-9 素混凝土挡墙 + 仿木桩设计断面

2. 稳定验算

计算工况考虑两种,即持久状况和短暂状况。持久状况采用设计高水期和设计低水期;短暂状况采用完建期。在设计低水位工况时,墙后水位在设计最低通航水位以上0.5 m,在设计高水位工况时按设计最高通航水位以上0.1 m考虑。计算工况水位组合同表E-3-1。

根据《港口航道护岸工程设计与施工规范》要求,护岸结构计算包括护岸结构抗滑稳定性、抗倾覆稳定性验算及地基承载力计算;经计算,护岸结构(部分段落经过地基处理后)在各工况下抗滑稳定性、抗倾覆稳定性以及地基承载力均满足规范要求。素混凝土挡墙+仿木桩挡墙稳定验算成果及地基应力成果见表6-8、表6-9。

表6-8　素混凝土挡墙+仿木桩挡墙稳定验算成果

低水运用期	抗滑稳定性	滑动力设计值(kN)	75.5
		抗滑力设计值(kN)	87.9
	抗倾稳定性	倾覆力矩设计值(kN·m)	372.8
		稳定力矩设计值(kN·m)	739.7
高水运用期	抗滑稳定性	滑动力设计值(kN)	53.9
		抗滑力设计值(kN)	63.2
	抗倾稳定性	倾覆力矩设计值(kN·m)	512.6
		稳定力矩设计值(kN·m)	752.2
完建期	抗滑稳定性	滑动力设计值(kN)	90.1
		抗滑力设计值(kN)	103.6
	抗倾稳定性	倾覆力矩设计值(kN·m)	269.3
		稳定力矩设计值(kN·m)	732.3

表6-9　素混凝土挡墙+仿木桩挡墙地基应力成果

低水运用期	σ_{max}(kPa)	60.9
	σ_{min}(kPa)	48.3
高水运用期	σ_{max}(kPa)	40.7
	σ_{min}(kPa)	37.8
完建期	σ_{max}(kPa)	71.6
	σ_{min}(kPa)	57.1

6.2.3.3　素混凝土挡墙+夹石混凝土小挡墙(E-3-c型)

1. 断面特性

一级护岸结构除底板宽4.1 m外,其余尺寸同E-3-a型。二级护岸采用C25夹石混凝土梯形挡墙(夹石量控制在15%之内),底板厚0.3 m,宽0.8 m,底板前、后趾分别为0.2 m,护岸顶高程2.9 m(黄海高程,下同)。

2. 稳定验算

计算工况考虑两种,即持久状况和短暂状况。持久状况采用设计高水期和设计低水期;短暂状况采用完建期。在设计低水位工况时,墙后水位在设计最低通航水位以上0.5 m,在设计高水位工况时按设计最高通航水位以上0.1 m考虑。计算工况水位组合见表6-5。

素混凝土挡墙+夹石混凝土小挡墙设计断面如图6-10所示。

根据《港口航道护岸工程设计与施工规范》(JTJ 300—2000)的要求,护岸结构计算包括

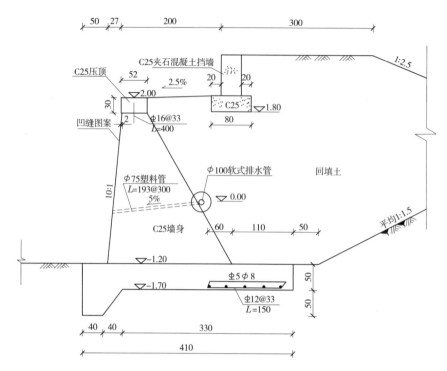

图 6-10　素混凝土挡墙 + 夹石混凝土小挡墙设计断面

护岸结构抗滑稳定性、抗倾覆稳定性验算及地基承载力计算;经计算,护岸结构(部分段落经过地基处理后)在各工况下抗滑稳定性、抗倾覆稳定性以及地基承载力均满足规范要求。

素混凝土挡墙 + 夹石混凝土小挡墙稳定验算成果及应力成果见表 6-10、表 6-11。

表 6-10　素混凝土挡墙 + 夹石混凝土小挡墙稳定验算成果

低水运用期	抗滑稳定性	滑动力设计值(kN)	78.6
		抗滑力设计值(kN)	110.9
	抗倾稳定性	倾覆力矩设计值(kN·m)	578.2
		稳定力矩设计值(kN·m)	1 032.8
高水运用期	抗滑稳定性	滑动力设计值(kN)	61.8
		抗滑力设计值(kN)	82.7
	抗倾稳定性	倾覆力矩设计值(kN·m)	681.2
		稳定力矩设计值(kN·m)	1 049.5
完建期	抗滑稳定性	滑动力设计值(kN)	113.4
		抗滑力设计值(kN)	138.1
	抗倾稳定性	倾覆力矩设计值(kN·m)	412.4
		稳定力矩设计值(kN·m)	1025.0

表 6-11 素混凝土挡墙 + 夹石混凝土小挡墙地基应力成果

低水运用期	σ_{max} (kPa)	80.6
	σ_{min} (kPa)	49.1
高水运用期	σ_{max} (kPa)	54.0
	σ_{min} (kPa)	45.2
完建期	σ_{max} (kPa)	104.3
	σ_{min} (kPa)	56.2

3. 设计要点

(1)为增强混凝土底板与墙身的连接,可在底板上预留坑洞(深度不大于15 cm)或在底板与墙身间留笋石,坑洞或笋石与占底板面积不小于15%。笋石需选狭长形、遇水不水解、不成片状、无风化、无严重裂纹块石,间距 0.8 m 左右,嵌入深度及露出高度均不小于12 cm,笋石与底板接触面积不小于15%。

(2)护岸地基土以淤泥质粉质黏土为主的河段基坑开挖应采用轻型井点排水结合纵向明沟排水法,每个施工集水坑配备一个 $\phi150$ mm 的单级离心清水泵抽水,确保护岸工程的干地施工,以免出现边坡坍塌现象。

(3)混凝土自嵌块之间通过凸榫连接,凸榫高 20 mm,宽 30 mm。块体之间设置双向土工格栅拉筋,自嵌块体墙身后设置倒滤层,倒滤层由碎石加土工布构成。

(4)互嵌式挡土块底板及压顶混凝土强度等级为 C25,每 10 m 设一道伸缩缝,伸缩缝材料为聚乙烯板。

4. 施工注意事项

1)素混凝土挡墙施工要求

(1)混凝土底板。

在基槽验收合格后,开挖基底保护土后立即浇筑 C25 混凝土底板,为增强混凝土底板与墙身的连接,可在底板上预留坑洞(深度不大于15 cm)或在底板与墙身间留笋石,坑洞或石笋与占底板面积不小于15%。笋石需选狭长形、遇水不水解、不成片状、无风化、无严重裂纹块石,间距 0.8 m 左右,嵌入深度及露出高度均不小于12 cm,笋石与底板接触面积不小于15%。当底板混凝土强度达80%时,方可进行墙身的浇筑。

(2)素混凝土墙身。

在底板上立模浇筑 C25 混凝土墙身,浇筑过程应连续,不得中断。浇筑完成后,在墙身顶部预留插筋,加强墙身与压顶的连接。

(3)压顶。

墙后填土填至设计标高后,待墙身沉降和位移稳定后再浇筑 C25 混凝土压顶。为防止压顶混凝土表面出现裂纹,压顶每 5 m 设置一道深 2 cm 的假缝,采用玻璃条填充。

结构段间沉降 – 伸缩缝填缝材料采用聚乙烯板,采用液体环氧树脂6101 在两结构段之间贴 0.6 m 宽的土工布。

2)混凝土自嵌块结构施工要求

C30 混凝土自嵌块尺寸为 0.40 m×0.35 m×0.15 m(长×宽×高)(自嵌块体厂家的尺

寸经业主同意后可自行调整），为确保外观效果，建议购买定型产品，并在专业生产厂家的指导下进行安装。自嵌块体的颜色可根据现场情况修改选择，并可通过采用不同颜色的块体进行拼花，如"JSHD"字体。混凝土自嵌块之间通过凸榫连接，凸榫高 20 mm、宽 30 mm。块体之间设置双向土工格栅拉筋，自嵌块体墙身后设置倒滤层，倒滤层由碎石加土工布构成。

3）仿木桩结构施工要求

本结构先进行 C25 钢筋混凝土基础施工，基础达到 100% 强度后，方能进行下一步工序。木桩结构插入槽形基础后，前后与槽体距离应相同，相邻桩体应结合紧密，在浇筑的 M10 砂浆凝固前，应确保仿木桩垂直，待整体结构达到设计强度后，方能进行墙后填土。桩体后需贴一层土工布，以防止水土流失。为保证外观及质量，建议购买厂家定型产品。

4）夹石混凝土小挡墙施工要求

夹石混凝土小挡墙同前面所述自嵌块挡墙、仿木桩护岸一样，均为二级护岸，需在一级护岸素混凝土挡墙施工完成后，至少间隔 1 个月方可施工。

水平位移和竖向沉降的观测点可设在同一标点，建议设置在新建护岸的前沿底板顶或墙身上，每个结构段上的观测点数量不宜少于 2 个。观测周期应包括整个施工期和一年的责任缺陷期，每次应采用相同的观测线路和观测方法。在护岸结构施工和墙后回填到顶之前，宜每天观测 1 次（尽量选择同一时间），墙后土回填到顶之后宜每周观测 2 次，交付后的一年内宜每月观测 1 次。此后的观测可由接收单位根据需要进行。

施工期的累计水平位移宜控制在 1 cm 左右，竖向沉降控制在 0.04 mm/d 时可视为稳定，可进行下一工序的施工。为便于观察，施工期的水平位移和沉降观测应绘制沉降速率图表，以沉降量/d 表示。

5）素混凝土挡墙施工注意事项

（1）施工时应采取必要、有效的降水措施，按设计要求控制完建期墙后地下水位，确保基坑渗流稳定。

（2）一级护岸混凝土底板在基槽验收合格后，突击开挖基底保护土，立即浇筑 C25 混凝土底板，底板与墙身间留坑洞或笋石，坑洞或笋石与占底板面积不小于 15%。当底板混凝土强度达 80% 时，方可进行墙身的浇筑。

（3）在底板上立模浇筑 C25 混凝土墙身，浇筑过程应连续，不得中断。浇筑完成后，在墙身顶部预留插筋，加强墙身与压顶的连接。

（4）墙后填土填至设计标高后，待墙身沉降和位移稳定后再浇筑 C25 混凝土压顶。为防止压顶混凝土表面出现裂纹，压顶每 5 m 设置一道深 2 cm 的假缝，采用玻璃条填充。

6.2.4　钢筋混凝土挡墙（蘑菇石贴面）+ 夹石混凝土挡墙（E-4 型）

6.2.4.1　适用条件

钢筋混凝土挡墙（蘑菇石贴面）+ 夹石混凝土挡墙（E-4 型）适用于规划陆域用地有保障的、缺乏石料的现状驳岸拆除重建段及其他填方路（渠）堤、岸坡防护等有景观要求的河段挡墙。该种结构型式已在苏南运河苏州市区段三级航道整治工程中应用。主要采用二级护岸组合结构型式，其中一级护岸采用钢筋混凝土挡墙，二级护岸采用梯形夹石混凝土挡墙。

6.2.4.2　断面特性

该结构一级护岸采用 C25 钢筋混凝土悬臂式结构,底板宽 3.1 m,厚 0.45 m,底板顶高程 -1.0 m,底板前趾为 0.5 m;悬臂式护岸顶高程 2.1 m,墙身厚 0.45 m,0.6 m 以上至墙顶采用蘑菇石花岗岩贴面。二级护岸采用为 C25 夹石混凝土梯形挡墙(夹石量控制在 15% 之内),底板厚 0.3 m,宽 0.8 m,底板前、后趾一均为 0.2 m,护岸顶高程 2.9 m。一级挡墙的墙身上设置两层 ϕ50 mm 横向排水管(间距为 5 m),分别与墙后 ϕ100 mm 的纵向排水管相连。

钢筋混凝土(蘑菇石贴面) + 夹石混凝土挡墙设计断面如图 6-11 所示。

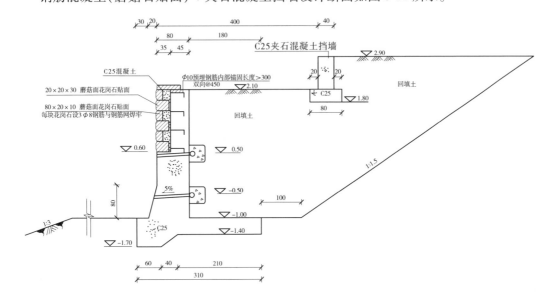

图 6-11　钢筋混凝土(蘑菇石贴面) + 夹石混凝土挡墙设计断面　(单位:cm)

6.2.4.3　稳定验算

经稳定核算,钢筋混凝土挡墙(蘑菇石贴面) + 夹石混凝土挡墙抗倾、抗滑安全系数均大于规范要求,在各种工况下均能符合 $P_{平均} < [f_{spk}]$、$P_{max} < 1.2[f_{spk}]$ 的条件,满足地基承载力要求。护岸稳定计算成果见表 6-12。

表 6-12　钢筋混凝土挡墙 + 夹石混凝土挡墙(E - 4 型)稳定验算成果

计算工况	水位组合		抗滑安全系数	抗倾安全系数	地基应力	
	墙前(m)	墙后(m)			σ_{max}(kPa)	σ_{min}(kPa)
高水运用期	2.4	2.4	2.243	1.705	47.27	22.54
低水运用期	0.4	0.9	1.268	2.027	85.1	12.21
完建期	-1.0	-0.5	1.399	3.388	86.71	30.62

6.2.4.4　设计要点

(1)护岸地基土以淤泥质粉质黏土为主的河段基坑开挖应采用轻型井点排水结合纵向明沟排水法,每个施工集水坑配备一个 ϕ150 mm 的单级离心清水泵抽水,确保护岸工程的干地施工,以免出现边坡坍塌现象。

（2）景观蘑菇石花岗岩贴面高程（高程 0.6 m）以下一次浇筑到位，蘑菇石花岗岩贴面高度范围内根据实际分层进行浇筑，后期浇筑混凝土前应将前面的结合面凿毛处理，确保蘑菇石花岗岩与钢筋混凝土悬臂式结构的牢固连接。

（3）对于二级平台的混凝土重力式结构，在浇筑底板后应留一段时间（建议 7～10 d），经凿毛冲刷处理后（按有关施工规范进行）才允许墙身 C25 夹石混凝土浇筑，夹石量考虑不大于 15%，二级平台顶面应做好收浆处理。

（4）钢筋混凝土悬臂式结构在浇筑钢筋混凝土底板前，可先在基底下浇筑 100 mm 厚的混凝土封底，再立模浇筑底板，当底板的混凝土强度达到设计强度的 80% 时，开始立模浇筑悬臂式混凝土墙身，由于悬臂式结构墙身较薄，施工时应严格控制墙面的平整度和垂直度，墙身迎水侧景观蘑菇石花岗岩贴面的施工，悬臂式立墙施工时墙身分二次浇筑，其中蘑菇石花岗岩贴面高程以下一次浇筑到位，蘑菇石花岗岩贴面高度范围内根据实际分层进行浇筑，特别应注意蘑菇石花岗岩的预埋锚筋位置准确（景观工程提供锚筋形状、位置及数量），后期浇筑混凝土前应将前面的结合面凿毛处理，确保蘑菇石花岗岩与钢筋混凝土悬臂式结构的牢固连接。

6.2.4.5　施工注意事项

（1）施工时应采取必要、有效的降水措施，按设计要求控制完建期墙后地下水位，确保基坑渗流稳定。

（2）先根据设计开挖 1∶1.5 边坡及板尺寸开挖基槽并形成前趾沟槽，经验槽合格后立即浇筑底板及前趾混凝土，以防止地基长期暴露在外受到扰动。

（3）当底板的混凝土强度达到设计强度的 80% 时才能立模浇筑悬臂式混凝土墙身，悬臂式结构墙身较薄，施工时应严格控制墙面的平整度和垂直度，景观蘑菇石花岗岩贴面的施工应特别注意蘑菇石花岗岩的预埋锚筋位置准确（景观工程提供锚筋形状、位置及数量），后期浇筑混凝土前应将前面的结合面凿毛处理，确保蘑菇石花岗岩与钢筋混凝土悬臂式结构的牢固连接。

（4）施工前先做碾压试验，确定最佳铺土厚度、最优含水率和合理的压实遍数，施工时分层铺设、平整和压实，控制每层铺土厚度小于 30 cm；挡墙后底板以上范围、墙后底板以外 2 m 范围内的填土，必须按照人工平整、小型机械夯实的要求实施；禁止大型机械设备直接在建筑物基础之上的范围内作业，以避免设备重力挤压建筑物产生不良后果。

（5）护岸断面上每隔 5 m 设一道两层排水孔，在墙后孔口纵向设置两条φ100 软式透水管，每个排水管用φ50 软式透水管与之相联通。φ100 软式透水管在铺设前，墙后回填土应填至排水管顶标高处，并应夯实，再开挖铺设纵向主管，施工期间注意不得压弯、压折、压裂软式排水管，纵向排水管施工完毕后，再继续回填墙后土体并按设计要求压实。

6.2.5　钢筋混凝土挡墙（野山石贴面）+筑堤（E－5 型）

6.2.5.1　适用条件

钢筋混凝土（野山石贴面）+筑堤（E－5 型）适用于规划陆域用地有保障的、缺乏石料的现状驳岸拆除重建段及其他填方路（渠）堤、岸坡防护等有景观要求的河段挡墙。该种结构型式已在苏南运河苏州市区段三级航道整治工程中广泛应用。

6.2.5.2　断面特性

河道边坡 1∶3，在高程 2.5 m 处设置 2 m 宽平台，平台后为 L 形钢筋混凝土直立挡墙护岸，底板面高程 2.5 m，底板厚 0.5 m，墙身厚 0.5 m，3.5 m 以上至墙顶采用野山石贴面。护岸顶高程 4.5 m，高程 4.5 m 处留 1.5 m 宽平台后以 1∶2 边坡接至堤顶高程 6.0 m。钢筋混凝土（野山石贴面）+ 筑堤设计断面如图 6-12 所示，实施效果见图 6-13。

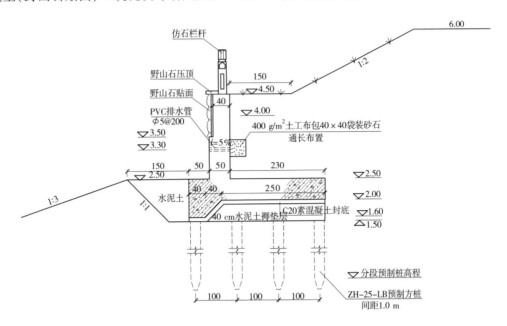

图 6-12　钢筋混凝土（野山石贴面）+ 筑堤设计断面　（单位：cm）

图 6-13　钢筋混凝土（野山石贴面）+ 筑堤实施效果

6.2.5.3　稳定验算

经稳定核算，钢筋混凝土挡墙（野山石面）+ 筑堤抗倾、抗滑安全系数均大于规范要求，在各种工况下均能符合 $P_{平均} < [f_{spk}]$、$P_{max} < 1.2[f_{spk}]$ 的条件,满足地基承载力要求。护岸稳定计算成果见表6-13。

表 6-13　钢筋混凝土挡墙 + 筑堤(E-4 型)稳定验算成果

计算工况	水位组合(m)		σ_{max} (kN/m²)	σ_{min} (kN/m²)	$\sigma_{平均}$ (kN/m²)	抗滑系数		抗倾系数	
	墙前	墙后				K_c	$[K_c]$	K_0	$[K_0]$
完建期	无水	3.50	66.04	41.71	53.88	1.37	1.10	3.80	1.40
正常水位	3.43	3.93	56.60	35.83	46.21	1.31	1.25	2.63	1.50
设计高水位	5.00	5.00	40.77	31.27	36.02	1.68	1.25	1.81	1.50
控制低水位	2.80	3.80	60.79	37.25	49.02	1.24	1.10	2.96	1.40
地震期	3.43	3.93	58.57	33.86	46.21	1.23	1.05	2.57	1.40

6.2.5.4　设计要点

(1)蘑菇面石尺寸 60 cm × 38 cm × 12 cm,要求蘑菇石无色差,凸面有起伏,外观效果好。

(2)固定卡件采用 M8 cm×8 cm 膨胀螺栓。

(3)每块面石顶面及底面各安装 2 个卡件。

(4)其他设计要点参见 A-1 型。

6.2.6　木桩类组合护岸(E-6 型)

(1)适用条件:木桩类组合护岸(E-6 型)主要适用于现状堤顶绿化及市政配套较好,道路建设标准较高,可以保留或利用的,或者紧邻厂区、厂房道路的无通航要求的各类河道。该种结构型式已在新沟河延伸拓浚工程、京杭大运河(苏州段)堤防加固等工程中得到应用,效果良好。

(2)优点与缺点:利用密排仿木桩或仿木桩与插板结合结构,既能挡土,又能消除风浪,达到岸坡防护的目的。桩与桩之间有缝隙,具有透气、透水的优点。仿木桩护岸能与周边景观相融合与协调。但木桩在水位变幅区容易腐烂,耐久性差,不适宜用于流速较大、人群密集的河道。

(3)施工技术要点:松木桩应采购新鲜、没有虫眼、没有裂纹的松木,所选松木的桩长应比设计桩长稍长,且木材材质均匀,无明显弯曲。施打前应先去皮,采用防腐剂充分浸泡,做好防腐处理。桩端头削成约 30 cm 尖锥状,以便沉桩。施工时,为保护木桩桩顶,桩顶锤击端应采取铅丝捆绑或设置套筒罩等加固措施,以防锤击端损坏。打桩完毕后,清除浮土,锯平桩头。

仿木桩与土体间需铺设反滤土工布,在铺设过程中应随时检查土工布的外观有无破损、麻点、孔眼等缺陷,并及时用新鲜母材候补;仿木外部装饰上漆等工艺宜在安装前完成,避免喷漆工艺对河道水质造成污染。

6.2.6.1　木桩固坡 + 密排木桩(E-6-a 型)

1.适用条件

木桩固坡 + 密排木桩(E-6-a 型)适用于紧邻厂区、厂房道路的骨干河道。

2. 断面特性

该护岸采用两级边坡,中间采用抛石固脚。下边坡采用自然边坡,坡顶设置密排木桩。中间采用抛石固脚,抛石间隙设置种植池种植挺水植物。上边坡坡比为 1∶1 ~ 1∶1.5,采用斜打木桩固坡,并用直径 100 mm、长 1 500 mm 粗松木通长加固,并种植灌木及草皮。

木桩固坡 + 密排木桩设计断面如图 6-14 所示。

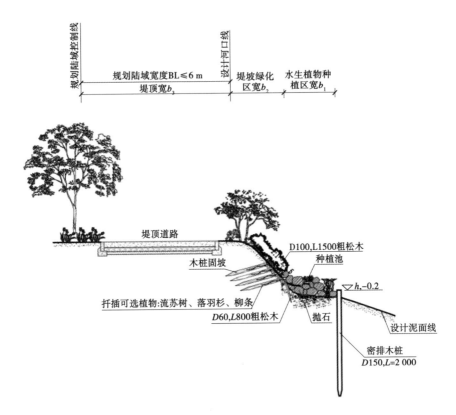

图 6-14　木桩固坡 + 密排木桩设计断面

6.2.6.2　仿木桩生态挡墙(E − 6 − b 型)

1. 适用条件

仿木桩生态挡墙(E − 6 − b 型)适用于陆域控制有保护,且河口较宽,无通航要求的河道。

2. 断面特性

该护岸采用仿木桩结构,结构基础面高程 6.0 m,采用厚 0.4 m、宽 1.8 m 的 C25 钢筋混凝土槽型基础,槽顶高程 7.0 m,基础下设 10 cm 厚的 C20 素混凝土垫层、10 cm 厚的碎石垫层及 10 cm 厚的毛片垫层,底部采用木桩处理,木桩桩长 4 m,梢端直径不小于 15 cm,桩顶嵌入底板 10 cm,木桩打入底板下软弱层不小于 1.5 m。上部为 C25 钢筋混凝土仿木桩墙身,墙身顶高程为 7.9 m。高程 7.5 m 处设 1.5 m 宽平台后以 1∶2.5 放坡至堤顶现状地面。仿木桩生态挡墙设计断面如图 6-15 所示。

3. 施工注意事项

先进行 C25 钢筋混凝土基础施工,基础达到 100% 强度后方能进行下一步工序。木桩

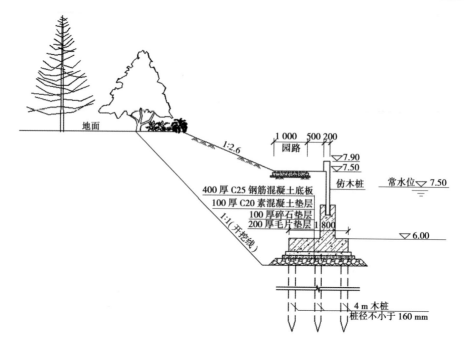

图 6-15 仿木桩生态挡墙设计断面 （单位:cm）

结构插入槽形基础后,前后与槽体距离应相同,相邻桩体应结合紧密,在浇筑的 M10 砂浆凝固之前,应确保木桩垂直,待整体结构达到设计强度后方能进行墙后填土。仿木桩与土体间需铺设反滤土工布,以防止水土流失。在铺设过程中应随时检查土工布的外观有无破损、麻点、孔眼等缺陷,并及时用新鲜母材候补;仿木外部装饰上漆等工艺宜在安装前完成,避免喷漆工艺对河道水质造成污染。为保证外观及质量,建议购买厂家定型产品。

6.2.6.3 木桩花池 + 步道护岸(E-6-c 型)

1.适用条件

木桩花池 + 步道护岸(E-6-c 型)适用于陆域控制有保护,且河口较宽,无通航要求的河道。

2.断面特性

该护岸采用两级边坡 + 木桩花池 + 步道护岸结构。下边坡采用缓于 1:3 的自然边坡。常水位变动区采用双排木桩设置花池,花池堆叠景观黄石,下铺耕植土并种植挺水植物。上坡设置步道护岸 + 草皮护坡,坡比 1:5 ~ 1:10。步道采用木栈道,并设仿木栏杆,上坡采用草皮护坡。木桩花池 + 步道护岸设计断面如图 6-16 所示,整治效果见图 6-17。

6.2.6.4 双排木桩花池护岸(E-6-d 型)

1.适用条件

双排木桩花池护岸(E-6-d 型)适用于不具有通航要求的河道,河道紧邻现有道路的河段护岸。

2.断面特性

常水位变动区采用双排木桩花池,花池中设置景观堆石及水生植物,下边坡采用缓于 1:3 的自然边坡。前排桩长 2 m 作为定植固坡,后排木桩长 4 m,密排前后错落布置。上坡坡比 1:5 ~ 1:10,采用草皮护坡,坡顶设堤顶道路至防洪高程。双排木桩花池护岸设计断面如图 6-18 所示,该种组合型式已成功应用于吴江区水系连通及农村水系综合整治先导段工程中,防洪及生态景观效益显著。

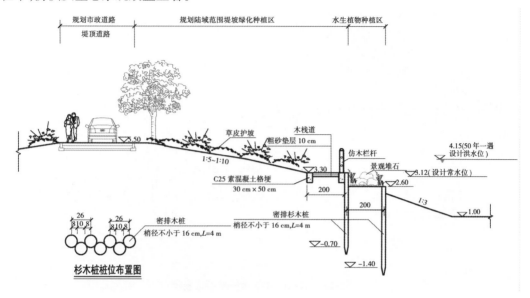

图 6-16　木桩花池 + 步道护岸设计断面

图 6-17　木桩花池 + 步道护岸整治效果

6.2.7　绿化混凝土 + 砌石挡墙(E - 7 型)

6.2.7.1　适用条件

绿化混凝土 + 砌石挡墙(E - 7 型)适用于陆域控制有保障或现有硬质护岸的行洪、通航、圩内排水骨干河道。

6.2.7.2　断面特性

该护岸采用两级边坡,中间设置小挡墙。下边坡采用缓于 1∶3 的自然边坡。中间新建小挡墙或对原有硬质挡墙凿除上部压顶,并以景观黄石堆叠,直立挡墙设置悬挂绿植,墙身为 M10 浆砌块石。上边坡坡比为 1∶2.5 ~ 1∶3,采用现浇绿化混凝土护坡,下铺耕植土,并种植灌

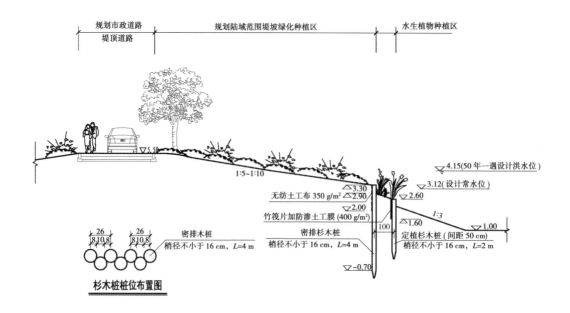

图6-18　双排木桩花池护岸设计断面

木及草皮。绿化混凝土＋砌石挡墙设计断面如图6-19所示,该种组合型式已成功应用于吴江区水系连通及农村水系综合整治工程中,防洪及生态景观效益显著。整治效果见图6-20。

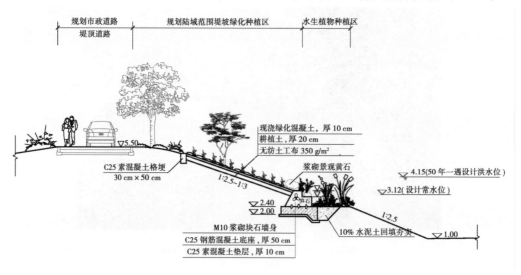

图6-19　绿化混凝土＋砌石挡墙设计断面

6.2.8　卵石平台护坡(E-8型)

6.2.8.1　适用条件

卵石平台护坡(E-8型)适用于陆域控制有保障,无通航要求的支级河道。

6.2.8.2　断面特性

该护岸采用两级边坡,中间设置卵石平台。下边坡采用缓于1:3的自然边坡。中间平台采用300~400 mm厚卵石自然抛掷,间隙填充100 mm厚小卵石,两端设密排杉木桩,并

图 6-20　绿化混凝土 + 砌石挡墙整治效果

种植挺水植物。上边坡坡比为 1:5 ~ 1:10,为防止水土流失,种植灌木及草皮固坡,坡顶设堤顶道路至防洪高程。卵石平台护坡设计断面如图 6-21 所示,整治效果见图 6-22。

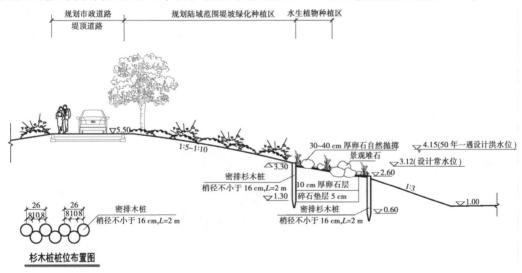

图 6-21　卵石平台护坡设计断面

6.2.8.3　施工技术要点

河道坡比控制宜缓于 1:2.5,卵石按设计规格挑选,自然抛掷,中间以小粒径卵石填塞;斜坡应种植绿化,并应尽量选择根系发达的本土植物用以固土护坡。

6.2.9　鱼巢式砌块护岸(E - 9 型)

6.2.9.1　适用条件

鱼巢式砌块护岸适用于规划陆域用地有保障的流域行洪骨干河道。

图 6-22 卵石平台护坡整治效果

6.2.9.2 断面特性

在高程 2.40~4.50 m 采用鱼巢式砌块护岸形式,上部为植草式生态砌块,框内回填种植土,下部为鱼巢式生态砌块,框内回填碎石。砌块墙后回填级配碎石。斜坡上设草坡护坡,坡比 1:5~1:10,坡顶设堤顶道路至防洪高程 5.50 m。鱼巢式砌块采用 C30 钢筋混凝土底座,底座面高程 2.40 m,厚 40 cm,宽 1.8 m。在高程 2.40 m 处设 2.5 m 宽水生种植平台,种植挺水植物,平台后以 1:2.5 放坡至规划河底高程。

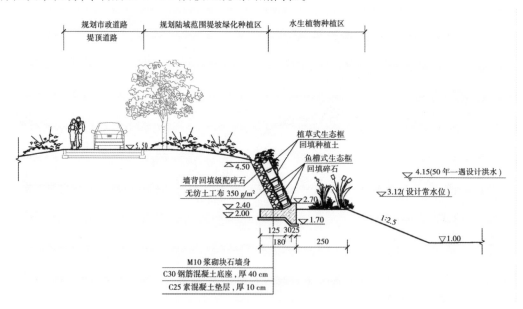

图 6-23 鱼巢式砌块护岸设计断面

6.2.10 格宾挡墙 + 漫步植生平台护岸【E - 10 型】

6.2.10.1 适用条件

格宾挡墙 + 漫步植生平台护岸适用于规划陆域用地有保障的流域行洪骨干河道。

图 6-24　鱼巢式砌块护岸整治效果

6.2.10.2　断面特性

在高程 2.30 ~ 3.50 m 以及高程 2.80 ~ 4.00 m 新建双层格宾挡墙,格宾网箱尺寸 60 cm × 80 cm,底部设 40 cm × 150 cm 钢筋混凝土底座基础。一、二级格宾挡墙之间设 3.6 m 宽水生种植平台,种植挺水植物或叠石点缀,高程 2.4 m 设 2 m 宽平台,平台后以 1∶2.5 放坡至规划河底高程。高程 4.00 ~ 5.30 m 处设草坡护坡,坡比不陡于 1∶3,坡顶设 1.5 m 宽漫步道。采用景观堆石及杉木桩等小型挡土结构形成多台阶效果,堤顶设防汛道路。

格宾挡墙表面具有多孔性,保证了石材间的缝隙利于小型动物栖息、半水生植物的生长,在常水位以上的石笼面可以利用草图袋进行植生绿化,可统筹安全、生态、景观等综合效益。

格宾挡墙 + 漫步植生平台护岸如图 6-25 所示。

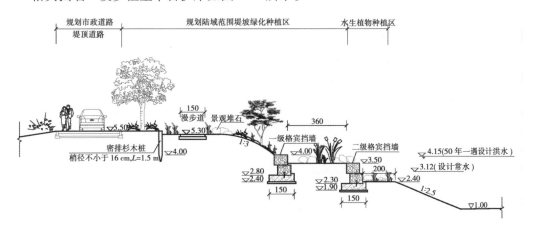

图 6-25　格宾挡墙 + 漫步植生平台护岸

6.2.11　现状挡墙上部凿除 + 多级植生平台护岸【E – 11 型】

6.2.11.1　适用条件

现状挡墙上部凿除 + 多级植生平台护岸适用于规划陆域用地有保障的流域行洪骨干河道,紧邻市政道路、园路、乡村小道或居民小区内人车通道,这些河段人类活动相对频繁,滨水安全及生态景观要求高,现状直立挡墙外观质量完好无损,结构安全性好,具备改造利用条件。

6.2.11.2　断面特性

对邻河现状浆砌石挡墙上部凿除至高程 2.90 m,墙前紧邻前齿设梢径不小于 20 cm 的 C30 仿木桩,密排布置,桩长 3 m,桩顶高程 2.60 m,临水侧以 1∶2.5 放坡至规划河底高程。仿木桩与挡墙墙身之间灌填 C25 素混凝土,仿木桩内侧设 400 g/m² 防渗土工膜一层。水位变幅区设置景观堆石或种植水生植物。在高程 3.30 m 及高程 3.90 m 处分别设 1.5 m 长密排杉木桩形成多级植生平台。高程 3.90~5.50 m 处设草坡护坡,坡比不陡于 1∶2.5,坡顶设堤顶道路至防洪高程。

现状挡墙上部凿除 + 多级植生平台护岸如图 6-26 所示。

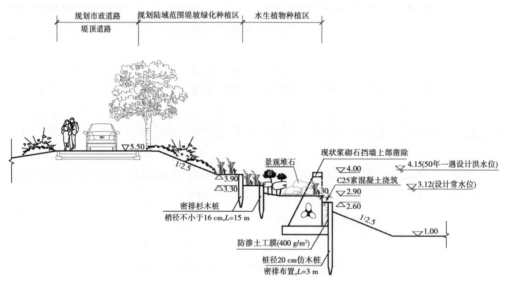

图 6-26　现状挡墙上部凿除 + 多级植生平台护岸

第 7 章　结　语

　　几年前,经同学推荐阅读了日本科学家江本胜的《水知道答案》这本书,那是一本通过水晶体来诠释水情感的试验著作。书中描述,美丽的水结晶来自远离污染的大自然,水是有灵魂的,每一滴水都有一颗心,每一滴水都是一个世界,水知道生命的答案。

　　党的十八大以来,党中央高度重视生态文明建设,强调生态环境保护是功在当代、利在千秋的事业。习近平总书记把山水林田湖形象地比喻为人类生命的共同体,要求人们"像保护眼睛一样保护生态环境,像对待生命一样对待生态环境"。党的十九大报告中又提出,要求加快生态文明体制改革,建设天蓝、地绿、水清的美丽中国,推进绿色发展的新理念、新思想和新战略。

　　随着生态文明体制改革的推进:"绿水青山就是金山银山"理念已经成为全社会的共识和行动。生态护岸的发展趋势逐渐从功能性硬质护岸向绿植型生态护岸发展;从简单的平面线状分布向多维度空间植物带状分布发展;从单纯的生态护岸工程措施向工程与生物措施相组合方向发展,以营造生物多样性,提升景观视觉美感。虽然经过多年应用延伸及实践积累,河道护岸治理已取得较为显著的经济效益、生态效益及社会效益,但就当前的生产技术而言,其在应用上仍存在很大的局限性,主要表现在以下几个方面:市场上生产厂家多,各类产品技术标准、个体差异性较大,尚未制定相关的强制性技术标准;产品的基材种类较多,涉及钢材、石材、木材、混凝土、塑料等,原材料检测缺乏相应的水利行业检测标准;部分产品厂家都申请专利,给财政招标采购带来难度;生态砖类产品的绿化种植率、块体重量、空隙率等指标尚无相应技术规定及设计规范;新型材料的稳定性、耐久性缺乏有效检测方法;各类新型生态防护型式缺少相应的施工规范及验收标准等。

　　河道生态整治,作为现代水利工程学、景观生态学、环境生态学、美学等众多学科的综合研究领域,在理论研究和实际应用中值得深入探索与完善。需要在实践应用中不断优化完善,将理论研究与实践创新相互结合。在保证防洪排涝等水利基本功能的前提下,还应将重心放在水环境、水景观、水生态的优化方面,通过净化水质、绿化环境、恢复河流生态等措施,达到城市河道综合整治的目的。

　　作为新时代水利工作者,应严格秉承"一个思想,三个结合,六大目标"的新治水理念,努力做个新时期河道生态建设的实践者、传承者及守护者! 首先,坚持科学发展观,贯彻治水新思路。把握"生态文明"的时代内涵,坚持人与自然和谐共生,扎实有序地推进生态文明建设;其次,坚持河湖治理与城市发展规划和产业结构调整相结合、与历史文化的传承保护和景观设计提升相结合、与环境保护和生态文明建设相结合;再次,以保护水资源、保障水安全、修复水生态、改善水环境、提升水经济、彰显水文化为目标,站在尊重河流、传承文化的角度上,立足"尊重自然、科学治水、以人为本、人水和谐"的治水思路,协调好人类治水与水环境的关系,从根源上保障水安全,让"水清、岸绿、河畅、景美"的生态美丽河湖成为普惠的民生福祉!